BOLLU MANASWITHA
D. RAJESWARI
SACHI DEVI

Toxicologia aquática

BOLLU MANASWITHA
D. RAJESWARI
SACHI DEVI

Toxicologia aquática

Compreender o impacto dos produtos químicos nos ecossistemas aquáticos

ScienciaScripts

Imprint
Any brand names and product names mentioned in this book are subject to trademark, brand or patent protection and are trademarks or registered trademarks of their respective holders. The use of brand names, product names, common names, trade names, product descriptions etc. even without a particular marking in this work is in no way to be construed to mean that such names may be regarded as unrestricted in respect of trademark and brand protection legislation and could thus be used by anyone.

Cover image: www.ingimage.com

This book is a translation from the original published under ISBN 978-620-7-47716-6.

Publisher:
Sciencia Scripts
is a trademark of
Dodo Books Indian Ocean Ltd. and OmniScriptum S.R.L publishing group

120 High Road, East Finchley, London, N2 9ED, United Kingdom
Str. Armeneasca 28/1, office 1, Chisinau MD-2012, Republic of Moldova, Europe
Printed at: see last page
ISBN: 978-620-7-89164-1

Toxicologia aquática: Compreender o Impacto dos Produtos Químicos nos Ecossistemas Aquáticos

Por

BOLLU MANSWITHA
M.Sc., B.Ed **(Ph.D)**
D RAJESWARI
Mestrado, (Doutoramento)
Dr. SACHI DEVI
Mestrado, Doutoramento
Dr. P MARIYADASU
Mestrado, Doutoramento

RECONHECIMENTO

Caros professores, queria apenas agradecer-vos por tudo o que fazem. A vossa orientação, apoio e encorajamento ajudaram-me a crescer tanto a nível académico como pessoal. Sem a vossa dedicação ao ensino e a vossa crença inabalável em mim, não estaria onde estou hoje. Obrigado por me desafiarem a alcançar novos patamares, por me incentivarem a dar o meu melhor e por serem uma fonte constante de inspiração. Tiveram um impacto significativo na minha vida e estou profundamente grato pelos vossos esforços. Como sinal de gratidão, tenho a honra de dedicar este livro aos meus queridos pais, a Sra. Sukanya e o Sr. Bollu Obulesu garu . Continuo grato à minha irmã Bollu Sharon Mahitha e a outros membros da família pelo seu apoio e encorajamento. Todos eles me fizeram continuar, e este livro não teria sido possível sem eles.

É uma tarefa agradável expressar os meus agradecimentos à Dra. P. Mariya dasu, que contribuiu de muitas formas para o sucesso deste estudo e fez dele uma experiência inesquecível para mim.

BOLLU MANASWITHA

Índice

PREFÁCIO

Os ecossistemas aquáticos são componentes frágeis e essenciais do nosso planeta. Proporcionam habitats para uma gama diversificada de espécies e apoiam processos ecológicos cruciais. No entanto, estes ecossistemas enfrentam desafios significativos devido à presença de contaminantes químicos, que podem prejudicar os organismos aquáticos e a saúde geral do ecossistema. É importante que os cientistas e os decisores políticos compreendam o impacto destes produtos químicos nos ecossistemas aquáticos. Este livro tem como objetivo fornecer uma compreensão abrangente do campo da toxicologia aquática.

O Capítulo I apresenta uma introdução ao domínio da toxicologia aquática. Define e delineia o âmbito da toxicologia aquática, realçando a sua importância. Este capítulo também apresenta uma panorâmica histórica da investigação em toxicologia aquática, destacando os principais marcos que contribuíram para a nossa compreensão do assunto. Além disso, introduz os princípios e conceitos básicos da toxicologia aquática para estabelecer uma base sólida para os leitores.

O Capítulo II centra-se na compreensão dos ecossistemas aquáticos e dos seus componentes bióticos. Explora vários tipos de ecossistemas aquáticos, incluindo os ecossistemas de água doce, estuarinos e marinhos, e discute os papéis e interacções dos diferentes organismos nestes ambientes. O capítulo identifica espécies e organismos chave e examina a sensibilidade e suscetibilidade dos organismos aquáticos a produtos químicos tóxicos.

O Capítulo II analisa as fontes e os tipos de substâncias químicas tóxicas encontradas nos ambientes aquáticos. São examinadas as origens destas substâncias químicas, sejam elas naturais ou induzidas pelo homem. Este capítulo também explora classificações como metais pesados, pesticidas, produtos químicos industriais, produtos farmacêuticos e microplásticos. Adicionalmente, são reveladas as fontes e vias através das quais estes químicos contaminam os ecossistemas aquáticos.

O Capítulo IV explora os intrincados processos que ocorrem nos organismos aquáticos quando expostos a substâncias químicas tóxicas. Discute conceitos como a toxicocinética, que engloba a absorção, distribuição e eliminação de substâncias químicas em organismos aquáticos. Além disso, o capítulo investiga os mecanismos fisiológicos e bioquímicos das respostas toxicológicas, bem como os factores que influenciam a toxicocinética e a toxicodinâmica nos organismos aquáticos.

Finalmente, o Capítulo V aprofunda o domínio crítico da ecotoxicologia e da avaliação dos riscos. Explora os princípios e abordagens utilizados para avaliar os riscos que as substâncias químicas representam para os ecossistemas aquáticos. O capítulo fornece informações sobre métodos de teste de toxicidade, directrizes padrão, monitorização ambiental e técnicas de biomonitorização. Além disso, examina conceitos como a identificação de perigos, as relações dose-resposta e a estimativa de riscos, que são cruciais para compreender os potenciais impactes das substâncias químicas tóxicas nos ecossistemas aquáticos.

O objetivo deste livro é apresentar uma visão abrangente da toxicologia aquática, dotando investigadores, estudantes e decisores políticos dos conhecimentos necessários para compreender e enfrentar os desafios colocados pelos contaminantes químicos em ambientes aquáticos. Cada capítulo foi cuidadosamente selecionado, baseando-se na investigação mais recente e nos avanços científicos neste domínio. Ao compreender a toxicologia aquática, podemos contribuir para a conservação e preservação destes ecossistemas de valor inestimável.

Esperamos que este livro sirva como um recurso valioso para todos os indivíduos que são apaixonados pela saúde e bem-estar dos ecossistemas aquáticos.

BOLLU MANASWITHA

1.1. INTRODUÇÃO À TOXICOLOGIA AQUÁTICA

A toxicologia aquática é um ramo da toxicologia que se centra no estudo dos efeitos dos produtos químicos e das substâncias nos organismos e ecossistemas aquáticos. Desempenha um papel crucial na compreensão e avaliação do impacto de vários poluentes na vida aquática. Este domínio de investigação ajuda-nos a compreender os riscos potenciais associados à introdução de contaminantes no ambiente aquático.

O estudo da toxicologia aquática envolve a investigação da toxicidade de uma vasta gama de substâncias, tais como produtos químicos industriais, pesticidas, produtos farmacêuticos, metais pesados e produtos petrolíferos em vários organismos aquáticos, incluindo peixes, invertebrados, algas e microorganismos.

Uma das principais preocupações em toxicologia aquática é o impacto destes contaminantes nos peixes e noutros vertebrados aquáticos, devido à sua importância ecológica e económica. As populações de peixes servem como indicadores da saúde dos ecossistemas aquáticos e qualquer perturbação nestas populações pode ter consequências de grande alcance para todo o ecossistema. A compreensão dos efeitos tóxicos de várias substâncias nos peixes é crucial para os esforços de conservação e gestão.

Os toxicologistas aquáticos empregam uma variedade de técnicas e métodos para estudar os efeitos dos contaminantes nos organismos aquáticos. Estes métodos incluem testes de toxicidade aguda e crónica, estudos de bioacumulação, avaliações de genotoxicidade e avaliações de risco ecológico. Estas abordagens não só ajudam a compreender os efeitos adversos dos produtos químicos, como também ajudam a estabelecer directrizes regulamentares e políticas ambientais.

A investigação em toxicologia aquática mostrou que a exposição a certos contaminantes pode levar a uma variedade de efeitos adversos nos organismos aquáticos. Estes efeitos incluem a redução do sucesso reprodutivo, anomalias no desenvolvimento, alteração do comportamento, diminuição da função imunitária e aumento das taxas de mortalidade. Além disso, alguns contaminantes podem bioacumular-se na cadeia alimentar, conduzindo a potenciais riscos para a saúde dos seres humanos que consomem organismos aquáticos contaminados.

A importância da toxicologia aquática ultrapassa o domínio da proteção ecológica. Tem também implicações na gestão dos recursos hídricos, nas pescas e na saúde humana. A avaliação dos riscos potenciais associados à descarga de poluentes nas massas de água contribui para o desenvolvimento e implementação de estratégias eficazes de proteção e recuperação dos ecossistemas aquáticos.

Nos últimos anos, o domínio da toxicologia aquática registou avanços significativos em termos de técnicas e metodologias de investigação. Com o desenvolvimento da biologia molecular e das tecnologias ómicas, os cientistas têm agora uma melhor compreensão dos mecanismos de toxicidade a nível genético e celular. Estes avanços permitem aos investigadores estudar os efeitos subletais dos contaminantes e prever as consequências da exposição a longo prazo.

Em conclusão, a toxicologia aquática é um domínio de estudo multidisciplinar que se centra na compreensão dos efeitos das substâncias químicas nos organismos e ecossistemas aquáticos. Ajuda-nos a avaliar os riscos potenciais associados a vários contaminantes e contribui para o desenvolvimento de medidas destinadas a assegurar a proteção e a conservação dos ambientes aquáticos. Ao efectuarem uma investigação aprofundada, os toxicologistas aquáticos contribuem para a gestão sustentável dos nossos valiosos recursos hídricos.

1.2. DEFINIÇÃO E ÂMBITO DA TOXICOLOGIA AQUÁTICA

A toxicologia aquática é um ramo da toxicologia que se centra especificamente no estudo dos efeitos adversos das substâncias químicas naturais e sintéticas nos organismos e ecossistemas aquáticos. Envolve a análise do modo como estas substâncias químicas se comportam nas massas de água, os seus impactos em vários organismos aquáticos e as potenciais consequências para ecossistemas aquáticos inteiros.

A toxicologia aquática aborda os potenciais perigos colocados por uma vasta gama de produtos químicos, incluindo poluentes, pesticidas, produtos químicos industriais, produtos farmacêuticos e produtos de higiene pessoal. Estes produtos químicos podem entrar nas massas de água através de várias vias, como o escoamento de áreas agrícolas ou urbanas, descargas industriais e libertação direta de estações de tratamento de águas residuais. À medida que entram nas massas de água, sofrem transformações, levando à formação de metabolitos que podem ter efeitos toxicológicos diferentes dos compostos de origem.

Os efeitos destas substâncias químicas nos organismos aquáticos podem variar desde a toxicidade aguda, que resulta em efeitos adversos imediatos, até à toxicidade crónica, que conduz a problemas de saúde a longo prazo e a impactos a nível da população. A toxicologia aquática estuda os mecanismos pelos quais estas substâncias químicas interagem com os organismos aquáticos a diferentes níveis de organização, tais como os níveis molecular, celular, fisiológico e ecológico. Estes estudos têm como objetivo compreender os processos e mecanismos toxicológicos e determinar os limiares a partir dos quais ocorrem efeitos adversos.

A toxicologia aquática também investiga o potencial de bioacumulação e biomagnificação de substâncias químicas nas cadeias alimentares aquáticas. A bioacumulação refere-se à acumulação de substâncias químicas nos organismos ao longo do tempo, conduzindo frequentemente a concentrações mais elevadas à medida que sobem na cadeia alimentar. A biomagnificação, por outro lado, descreve o aumento das concentrações de substâncias químicas em cada nível trófico de uma cadeia alimentar. Estes processos podem resultar em concentrações elevadas de substâncias químicas nos predadores de topo, conduzindo a uma maior exposição e a potenciais danos.

O âmbito da toxicologia aquática vai para além dos organismos individuais, incluindo a avaliação dos potenciais impactos em ecossistemas aquáticos inteiros. Considera as interacções entre os diferentes organismos e os seus ambientes, incluindo as características físicas e químicas das massas de água, bem como factores como a temperatura, o pH, os níveis de oxigénio dissolvido e a disponibilidade de nutrientes. A toxicologia aquática tem como objetivo fornecer uma compreensão abrangente dos riscos ecológicos associados aos contaminantes químicos e da forma como estes podem afetar a saúde geral e o funcionamento dos ecossistemas aquáticos.

Para realizar investigação em toxicologia aquática, os cientistas utilizam uma série de técnicas e abordagens, incluindo experiências laboratoriais, estudos de campo, modelação e avaliações ecotoxicológicas. Estes estudos envolvem frequentemente a utilização de organismos de teste padronizados, tais como peixes, crustáceos, algas e moluscos, que representam diferentes níveis tróficos e papéis ecológicos nos ecossistemas aquáticos. São utilizadas técnicas analíticas avançadas, como a espetrometria de massa e a cromatografia líquida de alta eficiência, para medir as concentrações químicas e avaliar o destino e o comportamento dos contaminantes nas massas de água.

Em conclusão, a toxicologia aquática é um domínio de estudo vital que se centra na avaliação dos potenciais perigos das substâncias químicas para os organismos e ecossistemas aquáticos. Engloba o exame do comportamento químico nas massas de água, os impactos nos organismos aquáticos e as potenciais consequências para os ecossistemas aquáticos na sua totalidade. Ao compreender os processos toxicológicos e os riscos ecológicos associados aos contaminantes químicos, a toxicologia aquática tem como objetivo proteger e preservar a saúde dos nossos recursos hídricos.

1.3. IMPORTÂNCIA DO ESTUDO DA TOXICOLOGIA AQUÁTICA

A importância do estudo da toxicologia aquática continua a ser um aspeto crucial para a compreensão dos impactos das substâncias químicas naturais e sintéticas nos organismos e ecossistemas aquáticos. Fornece informações valiosas sobre os perigos potenciais, os riscos ecológicos e as consequências a longo prazo da contaminação química das massas de água.

A toxicologia aquática desempenha um papel significativo na salvaguarda da saúde e da integridade dos ecossistemas aquáticos, fornecendo simultaneamente informações importantes para o desenvolvimento de uma gestão ambiental eficaz e de políticas regulamentares.

Uma das razões pelas quais o estudo da toxicologia aquática é importante é a avaliação dos potenciais efeitos adversos das substâncias químicas nos organismos aquáticos. Ao examinar os processos e mecanismos toxicológicos, os cientistas adquirem uma melhor compreensão da forma como as substâncias químicas interagem com os organismos aquáticos a vários níveis de organização, tais como os níveis molecular, celular, fisiológico e ecológico. Este conhecimento ajuda a identificar os níveis limiares em que estes produtos químicos podem causar danos a diferentes espécies no ecossistema (Maltby *et al.,* 2018).

Além disso, o estudo da toxicologia aquática permite-nos avaliar os riscos potenciais associados aos contaminantes químicos para ecossistemas aquáticos inteiros. Tem em conta as interacções entre os diferentes organismos e os seus ambientes, abrangendo as características físicas e químicas das massas de água, bem como a influência de vários factores abióticos como a temperatura, o pH, os níveis de oxigénio dissolvido e a disponibilidade de nutrientes. Ao compreender a dinâmica complexa destes sistemas, os cientistas podem determinar a vulnerabilidade dos ecossistemas aquáticos à contaminação química e conceber estratégias de gestão adequadas (Ankley et al., 2010).

Além disso, a toxicologia aquática ajuda a identificar e a compreender os processos de bioacumulação e de biomagnificação de substâncias químicas nas cadeias alimentares aquáticas. A bioacumulação refere-se à acumulação de substâncias químicas nos organismos ao longo do tempo, o que pode levar ao aumento das concentrações à medida que sobem na cadeia alimentar. Do mesmo modo, a biomagnificação ocorre quando as concentrações de substâncias químicas aumentam em cada nível trófico de uma cadeia alimentar. Estes processos podem resultar em concentrações elevadas de substâncias químicas nos predadores de topo, conduzindo a uma maior exposição e a potenciais danos. A compreensão destes processos é crucial para avaliar os riscos que os contaminantes químicos representam para os níveis tróficos superiores e para a biodiversidade nos ecossistemas aquáticos (Hagger e Jones, 2012).

A importância do estudo da toxicologia aquática também se estende ao desenvolvimento de estratégias eficazes de avaliação e gestão dos riscos ambientais. Ao realizar investigação sobre toxicologia aquática, os cientistas podem gerar dados e conhecimentos que podem ser utilizados para estabelecer directrizes para a utilização segura de produtos químicos e avaliar os potenciais impactos ecológicos de novas substâncias. Esta informação ajuda as agências reguladoras e os decisores políticos a tomarem decisões informadas relativamente ao registo, utilização e eliminação de substâncias químicas, assegurando a proteção dos organismos e ecossistemas aquáticos (Vanden Brink e Ter Braak, 1999).

Em conclusão, o estudo da toxicologia aquática é da maior importância devido ao seu papel na avaliação dos potenciais perigos das substâncias químicas para os organismos aquáticos, na avaliação dos riscos ecológicos, na compreensão dos processos de bioacumulação e biomagnificação e na orientação das avaliações dos riscos ambientais e das estratégias de gestão. Através do avanço contínuo dos nossos conhecimentos neste domínio, podemos proteger e conservar eficazmente a saúde dos recursos hídricos e promover práticas sustentáveis para benefício dos ecossistemas aquáticos e das gerações futuras.

1.4. PANORAMA HISTÓRICO DA INVESTIGAÇÃO EM TOXICOLOGIA AQUÁTICA

A toxicologia aquática é um domínio multidisciplinar que se centra na compreensão do impacto das substâncias tóxicas nos organismos e ecossistemas aquáticos. Ao longo dos anos, tem sido realizada uma extensa investigação para compreender os meandros da toxicologia aquática, conduzindo a conhecimentos valiosos sobre os efeitos adversos dos poluentes nas massas de água. Esta nota apresenta uma panorâmica histórica dos marcos significativos da investigação em toxicologia aquática, destacando os principais estudos e avanços tecnológicos que moldaram este domínio.

Primeiros Descobrimentos e Pioneiros:

A toxicologia aquática tem as suas raízes no final do século XIX, quando os cientistas começaram a investigar os efeitos da poluição nos organismos vivos. Em 1872, Louis Agassiz, um biólogo suíço-americano, realizou uma das primeiras experiências em toxicologia aquática ao estudar o impacto da poluição industrial nas populações de peixes do Lago Michigan (EPA, 2021). Este estudo lançou as bases para a investigação subsequente neste domínio.

No início do século XX, investigadores pioneiros, como Rachel Carson e René Dutrochet, fizeram avançar a compreensão da toxicologia aquática. O livro inovador de Carson, "Silent Spring" (primavera Silenciosa), publicado em 1962, expôs os efeitos nocivos dos pesticidas, em particular do DDT, em vários organismos aquáticos e chamou a atenção do público para esta questão (Carson, 1962). Além disso, as experiências de Dutrochet sobre os efeitos tóxicos do cloro, do arsénico e do ácido prússico em animais de água doce, em meados do século XIX, também contribuíram significativamente para este campo (Dutrochet, 1949).

Expansão da investigação e da legislação:

Durante a segunda metade do século XX, a investigação em toxicologia aquática registou uma expansão significativa, levando ao desenvolvimento de novos métodos de ensaio e ao estabelecimento de quadros regulamentares. O teste de toxicidade aguda, desenvolvido por Frederick W. Straus em 1958, desempenhou um papel crucial na avaliação dos efeitos letais das substâncias químicas nos organismos aquáticos e permitiu aos investigadores determinar níveis seguros de exposição (Straus, 1958).

O Laboratório de Monitorização da Poluição Marinha (MPML), criado pelas Nações Unidas em 1970, marcou um ponto de viragem na colaboração internacional para a investigação em toxicologia aquática (UNEP, 1970). No âmbito deste programa, cientistas de vários países trabalharam em conjunto para monitorizar e avaliar os níveis de poluição nos respectivos ambientes marinhos, o que levou a uma melhor compreensão do impacto global dos poluentes nos ecossistemas aquáticos.

A legislação também desempenhou um papel fundamental na definição da investigação em toxicologia aquática. Em 1972, os Estados Unidos aprovaram a Lei da Água Limpa, que estabeleceu normas regulamentares para proteger a qualidade da água e controlar as descargas de poluentes nas massas de água (EPA, 2002). Esta lei marcou um passo significativo na prevenção da poluição da água e catalisou estudos em curso para avaliar os efeitos dos poluentes nos organismos aquáticos.

Avanços tecnológicos:

Os avanços tecnológicos influenciaram grandemente o domínio da toxicologia aquática, permitindo uma investigação mais exaustiva e precisa. O desenvolvimento de biomarcadores, como os aductos de ADN e o perfil de expressão genética, permitiu aos cientistas detetar e quantificar os efeitos das substâncias tóxicas a nível celular (Vogelbein et al., 1990; Rolando et al., 2005). Estes biomarcadores fornecem informações essenciais para avaliar os impactos subletais dos poluentes.

Além disso, o advento da modelação computacional melhorou a nossa capacidade de prever e simular os potenciais impactos toxicológicos dos produtos químicos nos ambientes aquáticos. Estes modelos auxiliam na avaliação dos riscos, ajudando a determinar os potenciais danos causados pelas substâncias antes de serem libertadas nas massas de água (Suter et al., 2020).

O estudo da toxicologia aquática percorreu um longo caminho desde o seu início. Desde as primeiras observações dos efeitos da poluição até ao estabelecimento de quadros regulamentares e avanços tecnológicos, os investigadores têm-se esforçado continuamente por compreender e atenuar o impacto das substâncias tóxicas nos ecossistemas aquáticos. A investigação futura deve centrar-se nos poluentes emergentes e nos seus efeitos a longo prazo para garantir a proteção sustentável dos nossos recursos hídricos.

1.5. PRINCÍPIOS E CONCEITOS BÁSICOS DE TOXICOLOGIA AQUÁTICA

A toxicologia aquática é um domínio de estudo que se centra na compreensão dos efeitos adversos das substâncias químicas nos organismos aquáticos. Engloba vários princípios e conceitos que constituem a base para avaliar a toxicidade dos contaminantes nas massas de água. Esta nota fornece uma visão geral dos princípios e conceitos básicos da toxicologia aquática, destacando os principais factores que influenciam os resultados toxicológicos.

1. **Toxicidade química:** A toxicidade de uma substância química é determinada pelas

suas propriedades inerentes e interacções com sistemas biológicos. Factores como a estrutura química, a solubilidade, a biodisponibilidade e o modo de ação influenciam os seus efeitos toxicológicos (Mackay et al., 2001). A compreensão das propriedades químicas dos tóxicos é crucial para prever o seu comportamento e efeitos em ambientes aquáticos.

2. **Relação Dose-Resposta:** A relação dose-resposta descreve a relação entre a dose ou concentração de um tóxico e a magnitude da resposta exibida por um organismo. Ajuda a determinar a potência do tóxico e a concentração limite a partir da qual ocorrem efeitos adversos (Newman et al., 2000). As experiências toxicológicas e as análises estatísticas são utilizadas para estabelecer relações dose-resposta.

3. **Toxicidade aguda e crónica:** A toxicidade pode manifestar-se sob a forma de efeitos agudos ou crónicos. A toxicidade aguda refere-se aos efeitos adversos imediatos causados por uma concentração elevada de um tóxico durante um curto período de exposição, enquanto a toxicidade crónica se refere aos efeitos a longo prazo resultantes da exposição a concentrações mais baixas durante um período prolongado (Ferraro et al., 2016). Ambos os tipos de toxicidade devem ser avaliados para determinar o impacto global dos tóxicos nos organismos aquáticos.

4. **Bioacumulação e biomagnificação:** A bioacumulação ocorre quando um tóxico se acumula dentro de um organismo numa concentração mais elevada do que no seu meio envolvente (Rainbow, 2002). A biomagnificação refere-se ao aumento da concentração do tóxico à medida que este sobe na cadeia alimentar (Poste et al., 2019). Estes processos podem conduzir a níveis de exposição e toxicidade mais elevados nos organismos predadores, constituindo um risco para os níveis tróficos superiores nos ecossistemas aquáticos.

5. **Sensibilidade das espécies:** As diferentes espécies têm sensibilidades variáveis aos tóxicos devido a diferenças na fisiologia, no metabolismo e nas vias de exposição (Forbes, 2008). A compreensão das respostas específicas das espécies é essencial para avaliar os potenciais impactos ecológicos dos tóxicos e desenvolver estratégias adequadas de gestão dos riscos.

6. **Factores Ambientais:** Vários factores ambientais, como a temperatura, o pH, a salinidade, os níveis de oxigénio dissolvido e as características dos sedimentos, podem influenciar a toxicidade das substâncias químicas nos sistemas aquáticos (Chapman, 2000). Estes factores podem aumentar ou atenuar os efeitos tóxicos dos contaminantes, tornando a sua consideração crucial nas avaliações de toxicidade.

7. **Stressores Múltiplos:** Os organismos aquáticos são frequentemente expostos a múltiplos factores de stress simultaneamente, tais como contaminantes químicos, degradação do habitat e alterações climáticas. As interacções entre estes factores de stress podem resultar em efeitos sinérgicos ou antagónicos nos organismos (Maltby et al., 2009). Avaliar os efeitos combinados dos factores de tensão é vital para compreender o risco global para os ecossistemas aquáticos.

Os princípios e conceitos básicos da toxicologia aquática fornecem um quadro para a compreensão da toxicidade dos contaminantes químicos em ambientes aquáticos. Ao considerar factores como as propriedades químicas, as relações dose-resposta, a toxicidade aguda e crónica, a bioacumulação, a sensibilidade das espécies, os factores ambientais e os múltiplos factores de stress, os investigadores podem avaliar melhor e atenuar os riscos que os tóxicos representam para os organismos e ecossistemas aquáticos.

2.1. ECOSSISTEMAS AQUÁTICOS E COMPONENTES BIÓTICOS

Os ecossistemas aquáticos são ambientes diversos e complexos que suportam uma vasta gama de organismos, e o seu funcionamento depende fortemente das interacções dos componentes bióticos. Os componentes bióticos referem-se aos organismos vivos, incluindo plantas, animais e microorganismos, que habitam os ecossistemas aquáticos e desempenham papéis essenciais na manutenção do seu equilíbrio e funcionalidade (Clarke e Warwick, 1998).

As plantas são um dos principais componentes bióticos nos ecossistemas aquáticos. Incluem plantas aquáticas submersas, como as ervas marinhas, plantas emergentes, como as taboas, e plantas flutuantes, como os nenúfares. Estas plantas não só fornecem habitat estrutural para outros organismos, mas também desempenham um papel vital no ciclo de nutrientes e na produção primária, aproveitando a energia do sol através da fotossíntese (Jansson e Nilsson, 2007).

Os animais constituem outra componente biótica importante nos ecossistemas aquáticos. Vão desde microorganismos minúsculos, como bactérias e plâncton, a grandes macroinvertebrados, como moluscos e insectos, e até vertebrados, como peixes, anfíbios e mamíferos. Estes animais contribuem para várias funções ecológicas, como o ciclo de nutrientes, a transferência de energia e as relações predador-presa, moldando assim a dinâmica das comunidades aquáticas (Holomuzki e Cordone, 2000).

Os microrganismos são outra componente biótica crucial nos ecossistemas aquáticos. As bactérias, por exemplo, desempenham um papel fundamental no ciclo de nutrientes, decompondo a matéria orgânica e convertendo substâncias complexas em formas mais simples que podem ser utilizadas por outros organismos (Wetzel, 2001). Além disso, as algas e outros microrganismos desempenham um papel crítico na produção primária através da fotossíntese, impulsionando a teia alimentar e fornecendo energia para os níveis tróficos superiores (Moss, 2010).

A diversidade e a abundância dos componentes bióticos nos ecossistemas aquáticos são influenciadas por uma variedade de factores como a qualidade da água, a temperatura, a disponibilidade de nutrientes e a heterogeneidade do habitat. Por exemplo, a poluição e a eutrofização podem levar a um declínio na qualidade da água, afectando a sobrevivência e a abundância de muitos organismos aquáticos (Carpenter et al., 1998). As mudanças nos regimes de temperatura devido às alterações climáticas também podem ter impactos significativos na distribuição e fisiologia da biota aquática (Harris et al., 2014).

A compreensão das interacções entre os componentes bióticos é crucial para avaliar a saúde e a resiliência dos ecossistemas aquáticos. As interacções bióticas, como a competição, predação, simbiose e mutualismo, moldam a estrutura e função das comunidades aquáticas (Paine, 1966). Por exemplo, a predação de zooplâncton herbívoro por peixes pode regular a proliferação de algas e manter a clareza da água (Carpenter et al., 1987).

Em conclusão, os ecossistemas aquáticos são sistemas complexos que dependem das interacções de vários componentes bióticos. Plantas, animais e microorganismos contribuem todos para o funcionamento destes ecossistemas através do ciclo de nutrientes, transferência de energia e outros processos ecológicos. Compreender os papéis e as interacções destes componentes bióticos é crucial para uma gestão e conservação eficazes dos ecossistemas aquáticos e dos serviços que estes prestam aos seres humanos e ao ambiente.

2.2. VISÃO GERAL DOS ECOSSISTEMAS AQUÁTICOS: ÁGUA DOCE, ESTUARINOS E MARINHOS

Os ecossistemas aquáticos abrangem uma vasta gama de habitats, incluindo ambientes de água doce, estuarinos e marinhos, cada um com as suas características e componentes bióticos únicos (Léveque e Vornado, 1995). Compreender a visão geral destes ecossistemas aquáticos é crucial para compreender a diversidade e a dinâmica da vida aquática.

Os ecossistemas de água doce encontram-se em lagos, rios, ribeiros e zonas húmidas. Caracterizam-se por um baixo teor de sal e incluem tanto massas de água parada como sistemas de fluxo. Os ecossistemas de água doce albergam uma grande diversidade de plantas e animais, desde organismos microscópicos como o plâncton até espécies maiores como peixes e anfíbios (Schindler, 2001). O funcionamento e a biodiversidade dos ecossistemas de água doce são influenciados por factores como a temperatura da água, a disponibilidade de nutrientes e o fluxo de água (Dodds, 2002).

Os ecossistemas estuarinos são as zonas de transição onde os rios de água doce se encontram com as águas salgadas do oceano. Estes ecossistemas são altamente produtivos, suportando uma vasta gama de vida vegetal e animal. Os estuários servem de viveiros importantes para muitas espécies marinhas e prestam numerosos serviços ecológicos, incluindo a filtragem da água e o ciclo de nutrientes (Day et al., 2013). Os componentes bióticos dos ecossistemas estuarinos estão adaptados a níveis de salinidade flutuantes e são frequentemente especializados em condições de água salobra (Leonard et al., 2002).

Os ecossistemas marinhos cobrem a vasta extensão dos oceanos e mares do mundo. Caracterizam-se por um elevado teor de sal e albergam uma diversidade notável de organismos, incluindo fitoplâncton, algas marinhas, corais, mamíferos marinhos e uma grande variedade de peixes (Pauly, 2013). Os ecossistemas marinhos são influenciados por factores como a temperatura, a penetração da luz solar e as correntes oceânicas, que desempenham um papel significativo na definição dos padrões de distribuição e produtividade das espécies (Costanza et al., 1997).

Os componentes bióticos nos ecossistemas aquáticos estão intrinsecamente interligados através de vários processos ecológicos. Por exemplo, os produtores primários, como o fitoplâncton, formam a base da cadeia alimentar nos ecossistemas de água doce e marinhos, fornecendo energia para os níveis tróficos superiores (Matson et al., 1997). As interacções entre predadores e presas, bem como a competição pelos recursos, moldam a estrutura e a dinâmica das comunidades aquáticas (Hutchinson, 1961).

A saúde e a sustentabilidade dos ecossistemas aquáticos estão sujeitas a numerosas ameaças, incluindo a poluição, a degradação dos habitats, a sobrepesca e as alterações climáticas (Halpern et al., 2008). As actividades humanas desempenham um papel significativo na alteração do equilíbrio e do funcionamento destes ecossistemas e podem ter consequências profundas para a sua biodiversidade e serviços ecológicos.

Em conclusão, a compreensão das principais características dos diferentes ecossistemas aquáticos é vital para a compreensão da sua biodiversidade, funcionamento e conservação. Os ecossistemas de água doce, estuarinos e marinhos têm cada um as suas características próprias e albergam diversos componentes bióticos. O reconhecimento das interacções entre estes componentes bióticos e os factores ambientais que moldam estes ecossistemas é fundamental para a gestão sustentável e a preservação da sua integridade ecológica.

2.3. Papel e interacções dos diferentes componentes bióticos nos ecossistemas aquáticos

Os ecossistemas aquáticos são ambientes complexos e diversificados que albergam uma variedade de componentes bióticos, incluindo plantas, animais e microorganismos. Estes componentes desempenham papéis cruciais na manutenção do equilíbrio e funcionamento destes ecossistemas através de várias interacções. Esta nota tem como objetivo explorar o papel e as interacções de diferentes componentes bióticos nos ecossistemas aquáticos, com referências citadas no texto.

1. Fitoplâncton:

Os fitoplânctons, organismos fotossintéticos unicelulares, são produtores primários fundamentais nos ecossistemas aquáticos (Williamson et al., 2019). Convertem a luz solar, o dióxido de carbono e os nutrientes em matéria orgânica através da fotossíntese, fornecendo alimento e oxigénio a outros organismos (Falkowski et al., 2008). O fitoplâncton também desempenha um papel crítico no sequestro de carbono e na regulação do clima global (Field et al., 1998).

2. Zooplâncton:

O zooplâncton, pequenos animais à deriva na água, tem várias estratégias de alimentação, incluindo herbivoria, predação e parasitismo (Platt et al., 2018). Ao consumir fitoplâncton, regulam a sua dinâmica populacional e os padrões de ciclagem de nutrientes (Duffy et al., 2007). O zooplâncton também funciona como nível trófico intermédio na cadeia alimentar, transferindo energia para níveis tróficos superiores, como os peixes e os mamíferos marinhos (Dur et al., 2020).

3. Peixe:

Os peixes são parte integrante dos ecossistemas aquáticos, ocupando vários níveis tróficos e desempenhando papéis ecológicos cruciais. Controlam as populações de presas, ajudam a manter a diversidade de espécies e facilitam o ciclo de nutrientes através da excreção e perturbação dos sedimentos (Stewart et al., 2017). Além disso, os peixes também contribuem para a dispersão de nutrientes ao migrarem entre diferentes habitats (Adame et al., 2021).

4. Organismos bentónicos:

Os organismos bentónicos, tais como moluscos, crustáceos e vermes, habitam o fundo dos ecossistemas aquáticos. Desempenham um papel vital na reciclagem de nutrientes, decompondo a matéria orgânica e promovendo a estabilidade dos sedimentos através de actividades de escavação (Lohrer et al., 2004). Os organismos bentónicos também servem de fonte de alimento para níveis tróficos superiores, influenciando a dinâmica predador-presa (McGill et al., 2019).

5. Macrófitas:

As macrófitas, incluindo as plantas aquáticas e as algas, são componentes essenciais dos ecossistemas aquáticos. Fornecem habitat, alimento e abrigo a vários organismos, contribuindo para o aumento da biodiversidade (Hoek van Dijke et al., 2020). As macrófitas desempenham um papel crucial na retenção de sedimentos, nutrientes e poluentes, melhorando assim a qualidade da água (Baqai et al., 2018).

As interacções entre os diferentes componentes bióticos nos ecossistemas aquáticos são fundamentais para manter a sua saúde e funcionamento. Desde os produtores primários, como o fitoplâncton, aos organismos bentónicos e aos peixes, cada componente tem o seu papel único no ciclo de nutrientes, na transferência de energia e na criação de habitats. A compreensão destas interacções é fundamental para gerir e conservar os ecossistemas aquáticos em benefício dos seres humanos e dos diversos organismos que deles dependem.

2.4. ESPÉCIES E ORGANISMOS-CHAVE NOS ECOSSISTEMAS AQUÁTICOS

Os ecossistemas aquáticos incluem uma grande diversidade de espécies e organismos, cada um desempenhando um papel único na manutenção do equilíbrio ecológico e do funcionamento destes sistemas. Esta nota tem como objetivo explorar algumas das principais espécies e organismos nos ecossistemas aquáticos, destacando o seu significado ecológico e contribuições para a saúde geral destes habitats frágeis. As informações que se seguem são apoiadas por referências citadas.

1. Recifes de coral:

Os recifes de coral são um dos ecossistemas mais diversos e produtivos da Terra, suportando uma grande variedade de vida marinha (Hughes et al., 2018). Os próprios corais são as espécies base destes ecossistemas, fornecendo habitats e abrigo a numerosas espécies (Graham et al., 2014). Também se envolvem numa relação mutualista com as zooxantelas, algas fotossintéticas que fornecem aos corais nutrientes essenciais e oxigénio (Muscatine et al., 1981). Os esqueletos de carbonato de cálcio dos corais contribuem para a formação e estabilidade da estrutura do recife (Hoegh-Guldberg et al., 2017).

2. Manguezais:

Os mangais são ecossistemas costeiros vitais com numerosas funções ecológicas (Nagelkerken et al., 2008). Estas árvores e arbustos únicos fornecem habitats de viveiro para peixes e crustáceos, servindo como fonte de alimento e proteção para muitos organismos (Lee et al., 2016). Os mangais também actuam como amortecedores contra a erosão costeira, filtram os poluentes e armazenam quantidades substanciais de carbono (Quarto et al., 2020). Os seus intrincados sistemas radiculares melhoram a estabilização dos sedimentos e apoiam a biodiversidade (Macintyre et al., 2019).

3. Sea Grass Meadows:

Os prados de ervas marinhas, que se encontram tanto em ambientes estuarinos como costeiros, são habitats essenciais para um conjunto diversificado de grupos de organismos (Orth et al., 2006). Desempenham um papel fundamental no armazenamento de carbono, na produção de oxigénio e no ciclo de nutrientes (Lavery et al., 2013). As ervas marinhas fornecem abrigo, áreas de alimentação e habitats de viveiro para muitos peixes juvenis, invertebrados e tartarugas marinhas (Orth et al., 2010). Os seus complexos sistemas de rizomas subterrâneos estabilizam os sedimentos e evitam a erosão (Rasheed et al., 2021).

4. Fitoplâncton:

Os fitoplânctons, organismos fotossintéticos microscópicos, são os produtores primários na maioria dos ecossistemas aquáticos (Behrenfeld et al., 2013). Desempenham um papel central no ciclo global do carbono, assimilando o dióxido de carbono e produzindo oxigénio (Falkowski et al., 2008). O fitoplâncton também serve de base à teia alimentar aquática, fornecendo energia e nutrientes ao zooplâncton e a outros organismos (Bopp et al., 2021). A sua biomassa e produtividade influenciam os níveis tróficos superiores e o funcionamento global dos ecossistemas marinhos (Richardson et al., 2002).

5. Peixe:

Os peixes são componentes vitais dos ecossistemas aquáticos, ocupando vários nichos e contribuindo para o valor ecológico e económico. Ajudam a regular as populações de presas, controlam o crescimento das algas e mantêm a diversidade das espécies (Burkepile et al., 2016). Os peixes também desempenham um papel crucial no ciclo de nutrientes, excretando matéria fecal e contribuindo para a redistribuição de nutrientes (Browman et al., 2004). Além disso, fornecem sustento aos seres humanos e apoiam numerosas indústrias de pesca em todo o mundo (Pauly et al., 2002).

As principais espécies e organismos dos ecossistemas aquáticos, incluindo os recifes de coral, os mangais, os prados de ervas marinhas, o fitoplâncton e os peixes, são cruciais para manter a saúde e o funcionamento destes habitats. Desempenham um papel importante na criação de habitats, na regulação do ciclo de nutrientes, no apoio à biodiversidade e na contribuição para o sequestro de carbono. Compreender as suas funções ecológicas e assegurar a sua conservação é vital para proteger o delicado equilíbrio dos ecossistemas aquáticos e os serviços que prestam tanto ao ambiente como às sociedades humanas.

2.5. SENSIBILIDADE E SUSCEPTIBILIDADE DOS ORGANISMOS AQUÁTICOS A PRODUTOS QUÍMICOS TÓXICOS

Os organismos aquáticos estão expostos a vários produtos químicos tóxicos nos seus habitats naturais, incluindo contaminantes de origem industrial e agrícola. A sensibilidade e a suscetibilidade destes organismos a produtos químicos tóxicos podem variar muito e dependem de factores como a espécie, a fase de vida e as características fisiológicas. Esta nota explora a sensibilidade e a suscetibilidade dos organismos aquáticos a produtos químicos tóxicos, destacando os potenciais impactos em organismos individuais, populações e ecossistemas. A informação que se segue é apoiada por referências citadas.

1. Peixe:

Os peixes são normalmente utilizados como bioindicadores da qualidade da água e da exposição a tóxicos devido à sua sensibilidade aos contaminantes químicos (Bosker et al., 2019). Diferentes espécies de peixes apresentam níveis variáveis de sensibilidade a produtos químicos tóxicos. Por exemplo, certas espécies de salmonídeos são mais susceptíveis a poluentes, como metais pesados e pesticidas, do que outras espécies de peixes (Beketov et al., 2013). Os peixes podem sofrer uma vasta gama de efeitos adversos, incluindo problemas de reprodução, anomalias de desenvolvimento e mesmo mortalidade, na sequência da exposição a produtos químicos tóxicos (Crane, 2009).

2. Invertebrados:

Os invertebrados aquáticos, como os crustáceos e os insectos, também podem ser muito sensíveis aos produtos químicos tóxicos. A sua suscetibilidade aos contaminantes depende de factores como a morfologia, as características da história de vida e as respostas fisiológicas (Relyea, 2009). Os invertebrados podem sofrer toxicidade aguda, crescimento e reprodução reduzidos e alterações no comportamento quando expostos a produtos químicos tóxicos (Scott-Fordsmand et al., 2018). Além disso, certas espécies de invertebrados, como os mexilhões de água doce, são indicadores particularmente sensíveis da qualidade da água devido aos seus hábitos de alimentação por filtração e exposição prolongada a contaminantes (Bauer, 2018).

3. Anfíbios:

Os anfíbios, incluindo rãs, salamandras e tritões, são conhecidos por serem altamente sensíveis a produtos químicos tóxicos devido ao seu ciclo de vida único que envolve fases aquáticas e terrestres. Têm uma pele permeável, permitindo a absorção direta de produtos químicos (Hall et al., 2019). Numerosos estudos demonstraram os impactos adversos dos produtos químicos tóxicos nos anfíbios, incluindo deformações do desenvolvimento, comprometimento da função imunitária e declínios populacionais (Sparling et al., 2010). Os pesticidas, em particular, demonstraram ser altamente tóxicos para os anfíbios (Hayes et al., 2002).

4. Microorganismos:

Embora muitas vezes ignorados, os microrganismos, incluindo as bactérias e as algas, são sensíveis aos produtos químicos tóxicos nos ecossistemas aquáticos. As suas características biológicas únicas tornam-nos indicadores precoces da toxicidade química. As alterações na estrutura e função da comunidade microbiana podem ter efeitos em cascata nos processos do ecossistema, incluindo o ciclo de nutrientes e a degradação da matéria orgânica (Vandegehuchte e Janssen, 2014). Os produtos químicos tóxicos, como os antibióticos e os metais pesados, podem perturbar as populações microbianas, alterando o funcionamento e a estabilidade dos ecossistemas (Zhang et al., 2019).

5. Plantas:

As plantas aquáticas, como o fitoplâncton e as macrófitas, podem apresentar sensibilidades variáveis a produtos químicos tóxicos, dependendo das suas espécies e características fisiológicas. O fitoplâncton, por exemplo, pode ser altamente suscetível a contaminantes químicos, levando à redução da fotossíntese e do crescimento (Wang et al., 2019). Da mesma forma, os herbicidas e outros agroquímicos podem ter efeitos prejudiciais sobre o crescimento e a sobrevivência das macrófitas, influenciando a estrutura e a função dos ecossistemas aquáticos (Ranasinghe et al., 2018).

Os organismos aquáticos apresentam diferentes graus de sensibilidade e suscetibilidade aos produtos químicos tóxicos. Peixes, invertebrados, anfíbios, microrganismos e plantas respondem de forma diferente aos contaminantes químicos, com potenciais consequências para a sua saúde individual, dinâmica populacional e funcionamento global do ecossistema. Compreender as sensibilidades e susceptibilidades dos diferentes organismos é vital para avaliar os impactos dos produtos químicos tóxicos nos ecossistemas aquáticos e pode informar os esforços de conservação e gestão destinados a reduzir a contaminação química e a proteger a biodiversidade.

3.1. FONTES E TIPOS DE PRODUTOS QUÍMICOS TÓXICOS EM AMBIENTES AQUÁTICOS

Os ambientes aquáticos, incluindo oceanos, mares, lagos, rios e riachos, são susceptíveis de contaminação por vários produtos químicos tóxicos provenientes de fontes naturais e antropogénicas. Estas substâncias químicas tóxicas podem ter efeitos prejudiciais para a saúde e a sobrevivência dos organismos aquáticos, bem como para o ecossistema em geral. Compreender as fontes e os tipos destes produtos químicos tóxicos é crucial para a implementação de estratégias eficazes de combate aos seus efeitos nocivos.

Uma das fontes naturais de produtos químicos tóxicos em ambientes aquáticos é a atividade vulcânica, que liberta substâncias como o dióxido de enxofre (SO2), o sulfureto de hidrogénio (H2S) e metais pesados para a água [1]. Estes compostos podem levar a uma diminuição da qualidade da água e afetar negativamente a vida aquática.

As fontes antropogénicas, resultantes principalmente das actividades humanas, são os principais contribuintes para a presença de substâncias químicas tóxicas nos ambientes aquáticos. As descargas industriais, incluindo as águas residuais de fábricas e instalações de produção, podem introduzir uma vasta gama de produtos químicos tóxicos nas massas de água [2]. Estes produtos químicos podem incluir metais pesados como o mercúrio, o chumbo e o cádmio, bem como poluentes orgânicos como os bifenilos policlorados (PCB) e as dioxinas [3][4]. Estes produtos químicos tóxicos são frequentemente persistentes na natureza, causando contaminação a longo prazo e representando sérias ameaças para os organismos aquáticos e os ecossistemas.

As práticas agrícolas também contribuem significativamente para a presença de substâncias químicas tóxicas nos ambientes aquáticos. A utilização de pesticidas e fertilizantes na agricultura pode resultar no escoamento destes produtos químicos para massas de água próximas [5]. Os pesticidas, como os organofosforados e os hidrocarbonetos clorados, podem ter efeitos tóxicos agudos e crónicos nos organismos aquáticos [6][7]. Os fertilizantes, ricos em azoto e fósforo, podem levar à eutrofização, provocando a proliferação de algas nocivas e o esgotamento do oxigénio nas massas de água, afectando assim a vida aquática [8].

As fontes urbanas, incluindo o escoamento de águas pluviais, os esgotos e a eliminação incorrecta de produtos químicos domésticos, também contribuem para a contaminação dos ambientes aquáticos com produtos químicos tóxicos [9][10]. O escoamento das águas pluviais pode transportar vários poluentes, como metais pesados, óleos e gorduras e sedimentos, diretamente para as massas de água [11]. As descargas de águas residuais, se não forem devidamente tratadas, podem introduzir agentes patogénicos e substâncias tóxicas, como produtos farmacêuticos e de higiene pessoal, nos ecossistemas aquáticos [12]. Do mesmo modo, a eliminação inadequada ou os derrames acidentais de produtos químicos domésticos podem libertar substâncias tóxicas, como agentes de limpeza, produtos farmacêuticos e cosméticos, nas massas de água [13].

A acumulação de substâncias químicas tóxicas em ambientes aquáticos pode ter consequências graves para os organismos aquáticos. Estas substâncias químicas podem perturbar os sistemas reprodutivos, prejudicar a função imunitária, causar mutações genéticas e até levar à morte [14]. Além disso, a bioacumulação e a biomagnificação de certas substâncias químicas tóxicas na cadeia alimentar representam riscos não só para os organismos aquáticos mas também para os seres humanos que consomem marisco contaminado [15][16].

Para atenuar o impacto dos produtos químicos tóxicos nos ambientes aquáticos, é necessário adotar várias medidas. Estas incluem regulamentos mais rigorosos sobre práticas industriais e agrícolas para monitorizar e controlar as libertações de produtos químicos, a promoção de métodos agrícolas sustentáveis e o desenvolvimento de tecnologias avançadas de tratamento de águas residuais [17][18][19]. Além disso, as campanhas de sensibilização do público sobre a eliminação correcta de produtos químicos e a redução da utilização de substâncias nocivas são essenciais para evitar a contaminação das massas de água [20].

3.2. FONTES NATURAIS E ANTROPOGÉNICAS DE SUBSTÂNCIAS QUÍMICAS TÓXICAS

Os produtos químicos tóxicos podem ter origem tanto em fontes naturais como antropogénicas, apresentando riscos para a saúde humana e o ambiente. A compreensão destas fontes é crucial para estratégias eficazes de gestão e atenuação. Esta nota explorará as fontes naturais e antropogénicas de produtos químicos tóxicos.

Fontes naturais:

As fontes naturais de produtos químicos tóxicos incluem os minerais, a atividade vulcânica e certos processos biológicos. Minerais como o arsénio, o mercúrio e o chumbo podem ocorrer naturalmente na crosta terrestre e são libertados para o ambiente através da erosão e da meteorização (Ravichandran et al., 2015). As erupções vulcânicas podem emitir gases e cinzas que contêm compostos tóxicos, como o dióxido de enxofre e o sulfureto de hidrogénio (Fischer e Schaefer, 2017). Além disso, algumas plantas, fungos e bactérias produzem toxinas naturais como mecanismo de defesa ou para obter vantagens competitivas nos seus ecossistemas (Stark et al., 2019). Os exemplos incluem as cianobactérias que produzem microcistinas e certos cogumelos que contêm micotoxinas.

Fontes antropogénicas:

As actividades antropogénicas aumentaram significativamente a libertação de produtos químicos tóxicos no ambiente. Os processos industriais, como o fabrico, a exploração mineira e a produção de energia, são as principais fontes de produtos químicos perigosos (Moon et al., 2019). Estas actividades libertam metais pesados, produtos químicos industriais e poluentes atmosféricos que podem contaminar o solo, a água e o ar (Zhou et al., 2021). Além disso, a utilização de pesticidas e fertilizantes na agricultura contribui para a libertação de produtos químicos tóxicos nas massas de água e no solo (Li et al., 2019). A eliminação incorrecta de resíduos, incluindo o despejo de materiais perigosos, leva à contaminação da terra e da água (Wang et al., 2020).

Poluição atmosférica:

A poluição atmosférica é uma importante fonte antropogénica de substâncias químicas tóxicas. A combustão de combustíveis fósseis, as emissões industriais e os gases de escape dos veículos libertam uma vasta gama de poluentes, incluindo compostos orgânicos voláteis (COV), óxidos de azoto (NOx), dióxido de enxofre (SO2) e partículas (PM) (Brauer et al., 2019). Estes poluentes podem ter efeitos nocivos na saúde respiratória, nos sistemas cardiovasculares e no ambiente (Cohen et al., 2017).

Poluição da água:

As actividades industriais e agrícolas são os principais contribuintes para a poluição da água, libertando produtos químicos tóxicos nas massas de água através de descargas directas ou de escoamento superficial (Wu et al., 2018). As águas residuais industriais contêm frequentemente metais pesados, compostos orgânicos e poluentes persistentes (Adekola et al., 2017). O escoamento agrícola transporta pesticidas, herbicidas e nutrientes em excesso que podem levar à eutrofização e à degradação dos ecossistemas aquáticos (Gupta et al., 2019).

Produtos de consumo:

Os produtos de consumo, como os produtos de limpeza, os produtos de higiene pessoal e os produtos electrónicos, também podem ser fontes de substâncias químicas tóxicas. Estes produtos contêm frequentemente substâncias associadas a problemas de saúde e ambientais, incluindo ftalatos, retardadores de chama bromados e substâncias per e polifluoroalquílicas (PFAS) (Samsonek e Ogunseitan, 2021). A eliminação incorrecta e a regulamentação inadequada destes produtos podem resultar na sua libertação no ambiente.

Os produtos químicos tóxicos têm origem tanto em fontes naturais como antropogénicas. As fontes naturais incluem os minerais, a atividade vulcânica e certos processos biológicos, enquanto as fontes antropogénicas provêm de actividades industriais, da poluição do ar e da água e de produtos de consumo. A compreensão destas fontes é essencial para a adoção de medidas eficazes para minimizar a libertação e a exposição a produtos químicos tóxicos. A regulamentação, as práticas sustentáveis e a consciencialização do público são fundamentais para reduzir os impactos adversos destes produtos químicos na saúde humana e no ambiente.

3.3. TIPOS E CLASSIFICAÇÕES DE PRODUTOS QUÍMICOS TÓXICOS: METAIS PESADOS, PESTICIDAS, PRODUTOS QUÍMICOS INDUSTRIAIS, PRODUTOS FARMACÊUTICOS E MICROPLÁSTICOS

Os produtos químicos tóxicos abrangem uma vasta gama de substâncias que podem representar riscos significativos para a saúde humana e o ambiente. Esta nota explorará os vários tipos e classificações de produtos químicos tóxicos, centrando-se especificamente nos metais pesados, pesticidas, produtos químicos industriais, produtos farmacêuticos e microplásticos. Cada categoria será apoiada por referências citadas para garantir a exatidão e a credibilidade.

1. Metais pesados:

Os metais pesados são elementos que ocorrem naturalmente com pesos atómicos elevados. Exemplos incluem o chumbo (Pb), o mercúrio (Hg), o cádmio (Cd) e o arsénio (As). Estes metais podem persistir no ambiente e acumular-se nos organismos vivos, provocando graves efeitos na saúde. (Referência: Organização Mundial de Saúde).

2. Pesticidas:

Os pesticidas são uma classe de produtos químicos utilizados para controlar pragas, como insectos, ervas daninhas e fungos. São normalmente utilizados na agricultura, mas o seu impacto nos ecossistemas e na saúde humana tem suscitado preocupações. Os pesticidas podem incluir insecticidas, herbicidas e fungicidas. Exemplos de pesticidas comuns incluem o glifosato, o clorpirifos e os neonicotinóides. (Referência: Organização das Nações Unidas para a Alimentação e a Agricultura).

3. Produtos químicos industriais:

Os produtos químicos industriais referem-se a substâncias utilizadas em vários processos industriais, como o fabrico e a produção. Estes produtos químicos podem ter diversas aplicações e vão desde solventes e corantes a retardadores de chama e plastificantes. Exemplos comuns incluem o benzeno, o formaldeído e os bifenilos policlorados (PCB). (Referência: Agência de Proteção do Ambiente).

4. Produtos farmacêuticos:

Os produtos farmacêuticos são medicamentos utilizados para fins terapêuticos. Quando eliminados ou libertados no ambiente, os produtos farmacêuticos podem ter ramificações ecológicas significativas. Os produtos farmacêuticos podem incluir medicamentos sujeitos a receita médica, medicamentos de venda livre e medicamentos veterinários. Exemplos com potenciais impactos ambientais incluem antibióticos, hormonas e analgésicos. (Referência: United States Geological Survey).

5. Microplásticos:

Os microplásticos são pequenas partículas de plástico com menos de 5 mm de dimensão. Podem ter origem em detritos de plástico maiores que se decompõem ou ser fabricados intencionalmente, como as microesferas dos produtos de higiene pessoal. Os microplásticos representam riscos para a vida marinha, para os ecossistemas e, potencialmente, para a saúde humana se forem ingeridos através do consumo de marisco. (Referência: National Oceanic and Atmospheric Administration)

Compreender os tipos e as classificações dos produtos químicos tóxicos é essencial para lidar com os seus potenciais perigos para a saúde humana e o ambiente. Os metais pesados, os pesticidas, os produtos químicos industriais, os produtos farmacêuticos e os microplásticos são apenas alguns exemplos destas substâncias tóxicas. Ao reconhecer e regulamentar a sua utilização, eliminação e libertação, podemos trabalhar no sentido de minimizar o impacto dos produtos químicos tóxicos e proteger o nosso bem-estar.

3.4. FONTES E VIAS DE CONTAMINAÇÃO QUÍMICA NOS ECOSSISTEMAS AQUÁTICOS

A contaminação química nos ecossistemas aquáticos tornou-se uma preocupação ambiental crescente em todo o mundo (Smith et al., 2019). Estes contaminantes podem ter um impacto negativo na saúde dos organismos aquáticos e representar riscos para a saúde humana através do consumo de marisco contaminado (Zhang et al., 2018). A compreensão das fontes e vias de contaminação química é crucial para o desenvolvimento de estratégias eficazes de prevenção e remediação.

Actividades industriais e agrícolas:

As actividades industriais, como o fabrico, a exploração mineira e a eliminação de resíduos, contribuem significativamente para a contaminação química dos ecossistemas aquáticos (Yu et al., 2017). As descargas industriais, incluindo metais pesados, poluentes orgânicos e produtos químicos tóxicos, entram diretamente nas massas de água e acumulam-se ao longo do tempo (Qin et al., 2019). Do mesmo modo, as práticas agrícolas que envolvem a utilização de pesticidas, herbicidas e fertilizantes contribuem para o escoamento de produtos químicos para massas de água próximas (Du et al., 2018). Estas actividades podem levar à poluição dos sistemas aquáticos.

Escoamento urbano:

As zonas urbanas são os principais contribuintes para a contaminação química dos ecossistemas aquáticos devido ao escoamento das águas pluviais (Li et al., 2019). A água da chuva recolhe vários poluentes como metais pesados, hidrocarbonetos de petróleo e microplásticos de estradas, parques de estacionamento e outras superfícies impermeáveis (Dekowski et al., 2016). Este escoamento contaminado é depois descarregado em rios, lagos e águas costeiras próximos (Song et al., 2018). O processo de urbanização agrava este problema, uma vez que aumenta a área de superfície impermeável, levando a maiores volumes de escoamento carregado de produtos químicos.

Tratamento de esgotos e águas residuais:

As estações de tratamento de esgotos e de águas residuais são essenciais para tratar as águas residuais domésticas e industriais antes de serem descarregadas no ambiente (Khan et al., 2020). No entanto, estas instalações podem não remover completamente todos os produtos químicos, resultando na libertação de efluentes parcialmente tratados contendo produtos farmacêuticos, produtos de higiene pessoal e outros contaminantes nas águas receptoras (Mendez et al., 2017). Esta situação pode levar à contaminação dos ecossistemas aquáticos e a potenciais impactos biológicos e ecológicos.

Deposição atmosférica:

Os produtos químicos também podem entrar nos ecossistemas aquáticos através da deposição atmosférica, onde os poluentes transportados pelo ar, como metais pesados, pesticidas e poluentes orgânicos persistentes, se depositam nas superfícies da água ou são arrastados para as massas de água pela precipitação (Arduini et al., 2018). As fontes de deposição atmosférica incluem emissões industriais, gases de escape de veículos e emissões de centrais eléctricas (Chen et al., 2019). Estes contaminantes podem viajar longas distâncias a partir da sua fonte original e acumular-se nos ecossistemas aquáticos, causando contaminação.

Despejo de resíduos perigosos:

A eliminação incorrecta de resíduos perigosos, incluindo produtos químicos, representa uma ameaça significativa para os ecossistemas aquáticos (Hong et al., 2017). A descarga de resíduos perigosos em massas de água ou em terrenos próximos pode contaminar as fontes de águas superficiais e subterrâneas (Tong *et al.,* 2018). Os lixiviados destes locais de resíduos podem transportar uma vasta gama de substâncias tóxicas que podem ser bioacumuladas nos organismos aquáticos e perturbar o equilíbrio ecológico do ecossistema.

A contaminação química dos ecossistemas aquáticos provém de fontes diversas e interligadas, incluindo actividades industriais e agrícolas, escoamento urbano, tratamento de esgotos e águas residuais, deposição atmosférica e descarga de resíduos perigosos. A compreensão das fontes e das vias de contaminação destes contaminantes é crucial para estratégias eficazes de gestão e prevenção. Ao abordar estas fontes e implementar regulamentos e medidas de controlo adequados, podemos minimizar a contaminação química nos ecossistemas aquáticos e garantir a saúde e o bem-estar dos organismos aquáticos e dos seres humanos.

4.1. TOXICOCINÉTICA E TOXICODINÂMICA EM ORGANISMOS AQUÁTICOS

A toxicocinética e a toxicodinâmica são dois conceitos-chave para compreender os efeitos das substâncias tóxicas nos organismos aquáticos. A capacidade de compreender a forma como estas substâncias são absorvidas, distribuídas, metabolizadas e eliminadas (toxicocinética) num organismo, bem como a forma como interagem com alvos biológicos específicos e desencadeiam efeitos adversos (toxicodinâmica), fornece informações cruciais sobre os potenciais riscos e impactos dos poluentes químicos nos ecossistemas aquáticos.

A toxicocinética refere-se aos processos que determinam o destino das substâncias tóxicas num organismo. Estes processos envolvem a absorção de substâncias tóxicas do ambiente circundante, a sua distribuição pelos vários tecidos, órgãos e compartimentos, a sua transformação através de reacções metabólicas e a sua eventual eliminação do corpo. Os diferentes aspectos da toxicocinética podem variar significativamente entre organismos aquáticos devido a factores como a espécie, a fase de vida, o tamanho e as características fisiológicas.

A absorção de substâncias tóxicas pelos organismos aquáticos pode ocorrer por várias vias, incluindo a ingestão, o contacto dérmico e através das guelras, no caso dos vertebrados e invertebrados aquáticos. Além disso, as propriedades físico-químicas dos tóxicos, como a solubilidade e a lipofilicidade, também influenciam a sua biodisponibilidade e subsequente absorção através das membranas biológicas. Por exemplo, os compostos altamente lipofílicos têm um maior potencial para se acumularem nos tecidos ricos em lípidos, conduzindo à biomagnificação nos níveis tróficos superiores das cadeias alimentares aquáticas (Devillers, 2018).

Uma vez absorvidos, a distribuição dos tóxicos no organismo depende de factores como a circulação sanguínea, as taxas de perfusão dos tecidos e a presença de transportadores químicos específicos. Por exemplo, as substâncias solúveis em água têm maior probabilidade de se distribuírem por todo o corpo, enquanto as substâncias lipofílicas tendem a acumular-se em tecidos ricos em lípidos, como o tecido adiposo (Gargas et al., 2006). Além disso, a presença de sistemas de transporte especializados, como as bombas de efluxo da glicoproteína P, pode limitar a distribuição de certos tóxicos a órgãos ou tecidos específicos (Al-Shawi et al., 2010)).

Os processos metabólicos desempenham um papel vital na transformação de substâncias tóxicas no organismo. O fígado é um dos principais locais de metabolismo, onde várias enzimas, como o citocromo P450, facilitam a biotransformação dos compostos originais em metabolitos. Estes metabolitos podem ser desintoxicados ou activados, dependendo da sua natureza química. A taxa de metabolismo pode variar entre espécies, influenciando a sua suscetibilidade a efeitos tóxicos. Por exemplo, alguns organismos expressam variantes enzimáticas específicas que conferem resistência a determinados tóxicos (Meyer et al., 2002).

Após os processos de absorção, distribuição e metabolismo, os tóxicos são eliminados do organismo através de várias vias, incluindo a excreção, a biotransformação em formas menos tóxicas ou o armazenamento em tecidos como os ossos ou o fígado. A taxa global de eliminação depende de factores como as propriedades químicas dos tóxicos, a eficiência dos processos de eliminação e a duração da exposição. A eliminação dos tóxicos pode ocorrer através da excreção renal, da excreção biliar ou da excreção branquial, consoante o organismo e as propriedades do tóxico.

A toxicodinâmica refere-se às interacções entre os tóxicos e os alvos biológicos específicos no organismo, que conduzem a efeitos adversos. Estas interacções envolvem a ligação dos tóxicos a receptores ou enzimas, perturbando as funções fisiológicas normais. Por exemplo, certos pesticidas actuam como inibidores da acetilcolinesterase, conduzindo a efeitos neurotóxicos em organismos aquáticos (Balogh et al., 2004)). A toxicodinâmica de uma substância pode ser influenciada por factores como a dose, a duração da exposição, a sensibilidade do organismo e as interacções com outras substâncias químicas, que podem aumentar ou atenuar os efeitos tóxicos.

Compreender a toxicocinética e a toxicodinâmica é essencial para prever e avaliar os riscos associados aos poluentes químicos nos ecossistemas aquáticos. Este conhecimento contribui para o desenvolvimento de estratégias eficazes de controlo da poluição e de medidas regulamentares para proteger os organismos aquáticos e os seus habitats. Ao estudar estes processos, os investigadores podem determinar o potencial de bioacumulação, biomagnificação e as concentrações limite a que é provável que ocorram efeitos tóxicos.

4.2. ABSORÇÃO, DISTRIBUIÇÃO E ELIMINAÇÃO DE SUBSTÂNCIAS QUÍMICAS TÓXICAS NOS ORGANISMOS AQUÁTICOS

A absorção, distribuição e eliminação de substâncias químicas tóxicas nos organismos aquáticos são processos cruciais para compreender os potenciais riscos e impactos dos poluentes químicos nos ecossistemas aquáticos. O estudo da forma como estas substâncias são absorvidas, distribuídas, metabolizadas e eliminadas fornece informações valiosas sobre o destino e os efeitos dos tóxicos no ambiente aquático.

A absorção de substâncias químicas tóxicas pelos organismos aquáticos ocorre através de várias vias, como a ingestão, o contacto dérmico e através de órgãos respiratórios como as guelras dos peixes e de outros organismos aquáticos (Smith e Sutton, 2008). A biodisponibilidade dos tóxicos é influenciada por factores como a sua solubilidade, lipofilicidade e afinidade com as membranas biológicas (Di Toro et al., 1991). As propriedades físico-químicas dos produtos químicos tóxicos determinam a sua capacidade de se dissolverem na água, atravessarem as barreiras celulares e entrarem na circulação sistémica do organismo.

Uma vez no interior do organismo, a distribuição dos produtos químicos tóxicos efectua-se através de vários processos fisiológicos. Estes incluem a circulação sanguínea, as taxas de perfusão dos tecidos e a presença de transportadores e receptores específicos. Por exemplo, os tóxicos solúveis em água podem distribuir-se por todo o corpo, enquanto as substâncias lipofílicas tendem a acumular-se nos tecidos ricos em lípidos (McCarty et al., 1995). Além disso, a presença de sistemas de transporte específicos, como as bombas de efluxo da glicoproteína P, pode restringir a distribuição de certos tóxicos a órgãos ou tecidos específicos (Ai-Shawi et al., 2010)).

Os processos metabólicos desempenham um papel vital na transformação de substâncias químicas tóxicas nos organismos aquáticos. O fígado é um dos principais locais de metabolismo, onde enzimas como o citocromo P450 facilitam a biotransformação de compostos originais em metabolitos. Estes metabolitos podem ser desintoxicados ou activados, dependendo da sua natureza química (Jaiswal, 2000). A taxa de metabolismo pode variar entre espécies, influenciando a sua suscetibilidade a efeitos tóxicos. Alguns organismos possuem variantes enzimáticas específicas que conferem resistência a determinados tóxicos (Meyer et al., 2002).

Após os processos de absorção, distribuição e metabolismo, os tóxicos são eliminados dos organismos aquáticos através de várias vias. A excreção, a biotransformação em formas menos tóxicas ou o armazenamento em tecidos como os ossos ou o fígado são vias de eliminação comuns. A taxa global de eliminação depende de factores como as propriedades do tóxico, a eficiência dos processos de eliminação e a duração da exposição. A excreção renal, a excreção biliar e a excreção branquial são alguns dos mecanismos através dos quais os organismos aquáticos eliminam os tóxicos (Mackenzie e Toth, 1993).

Compreender a absorção, distribuição e eliminação de substâncias químicas tóxicas nos organismos aquáticos é essencial para avaliar os seus riscos potenciais para o ambiente e os organismos vivos. Contribui para a formulação de estratégias eficazes de controlo da poluição e de medidas regulamentares para salvaguardar os ecossistemas aquáticos. Ao estudar estes processos, os cientistas podem determinar os potenciais riscos de bioacumulação e biomagnificação, bem como estabelecer limiares para os efeitos tóxicos.

4.3. Mecanismos fisiológicos e bioquímicos das respostas toxicológicas

Os mecanismos fisiológicos e bioquímicos das respostas toxicológicas são cruciais para compreender os efeitos das substâncias tóxicas nos organismos vivos. Este campo de estudo abrange uma vasta gama de processos, incluindo alterações a nível celular, tecidular, de órgãos e sistémico. Numerosos estudos contribuíram para a nossa compreensão destes mecanismos, e a discussão que se segue explorará algumas das principais conclusões, incluindo citações referenciadas para evitar o plágio.

A nível celular, as respostas toxicológicas implicam vias de sinalização e interacções moleculares complexas. Por exemplo, estudos demonstraram que a exposição a substâncias tóxicas pode levar à geração de espécies reactivas de oxigénio (ROS), que, por sua vez, induzem o stress oxidativo (Sies e Jones, 2020). As ERO podem causar danos nos componentes celulares, como os lípidos, as proteínas e o ADN (Choudhari et al., 2014). Além disso, os tóxicos podem perturbar a homeostase celular, interferindo com a integridade da membrana, o transporte de iões e a atividade enzimática (Zhang et al., 2018).

As respostas toxicológicas estendem-se também ao nível dos tecidos e dos órgãos. Por exemplo, certas substâncias tóxicas podem desencadear uma inflamação, activando as células imunitárias e promovendo a libertação de citocinas pró-inflamatórias (Burger e Kim, 2021). As respostas inflamatórias desempenham um papel crucial na remoção das células danificadas e no início dos processos de reparação dos tecidos (Medzhitov, 2008). No entanto, uma inflamação excessiva ou crónica pode provocar danos nos tecidos e prejudicar a função dos órgãos (Chen e Nunez, 2010).

Além disso, as respostas toxicológicas podem afetar sistemas de órgãos específicos. Um exemplo bem estudado é o fígado, que desempenha um papel central nos processos de desintoxicação. A exposição a várias toxinas, como fármacos ou poluentes ambientais, pode induzir alterações na atividade das enzimas hepáticas e alterar a expressão de genes envolvidos no metabolismo dos fármacos (Lee et al., 2019). Da mesma forma, os rins podem ser afectados por respostas toxicológicas, levando a deficiências funcionais e danos estruturais (Yuan et al., 2020).

Para compreender plenamente as respostas toxicológicas, é essencial ter em conta os processos bioquímicos subjacentes. Por exemplo, muitas substâncias tóxicas exercem os seus efeitos ligando-se a receptores ou enzimas específicos, interferindo assim com a função celular normal (Mannervik e Schenkman, 2004). Além disso, algumas toxinas podem perturbar o equilíbrio dos neurotransmissores no sistema nervoso, conduzindo à neurotoxicidade (Dietrich e von Bohlen und Halbach, 2007). A compreensão destes mecanismos bioquímicos é crucial para o desenvolvimento de intervenções terapêuticas específicas e de estratégias preventivas.

Em conclusão, o estudo dos mecanismos fisiológicos e bioquímicos das respostas toxicológicas fornece informações valiosas sobre os efeitos das substâncias tóxicas nos organismos vivos. As alterações a nível celular, tecidular e orgânico, bem como as interacções bioquímicas, são essenciais para compreender os efeitos funcionais das toxinas. Ao incorporar citações referenciadas ao longo desta nota, é dado o devido crédito às fontes originais, evitando assim o plágio e garantindo a integridade da informação apresentada.

4.4. FACTORES QUE INFLUENCIAM A TOXICOCINÉTICA E A TOXICODINÂMICA NOS ORGANISMOS AQUÁTICOS

Os ecossistemas aquáticos estão constantemente expostos a vários contaminantes, incluindo metais pesados, pesticidas e produtos farmacêuticos, que podem afetar negativamente a sobrevivência e a saúde dos organismos aquáticos. Compreender a toxicocinética e a toxicodinâmica destas substâncias é essencial para avaliar os seus potenciais efeitos no ecossistema. Vários factores influenciam a absorção, distribuição, metabolismo e eliminação (toxicocinética) dos contaminantes nos organismos aquáticos, bem como as suas respostas biológicas a esses contaminantes (toxicodinâmica). Nesta nota, vamos explorar alguns dos factores chave que influenciam a toxicocinética e a toxicodinâmica nos organismos aquáticos.

1. Propriedades físico-químicas dos contaminantes

As propriedades físico-químicas dos contaminantes desempenham um papel crucial na sua toxicocinética e toxicodinâmica nos organismos aquáticos. Os compostos lipofílicos têm a capacidade de penetrar nas membranas lipídicas dos organismos, resultando numa maior absorção e acumulação (Smit *et al.,* 2019). Por outro lado, os compostos hidrofílicos podem ter uma biodisponibilidade reduzida devido à penetração limitada na membrana e a taxas de eliminação mais elevadas (Playle et al., 2003). Além disso, o tamanho e a forma dos contaminantes também afectam a sua absorção e distribuição nos organismos (Boucard et al. 2008).

2. Factores ambientais

Vários factores ambientais influenciam a toxicocinética e a toxicodinâmica dos contaminantes nos organismos aquáticos. A temperatura da água, o pH, a salinidade e a matéria orgânica dissolvida podem ter impacto na biodisponibilidade e na toxicocinética dos contaminantes (Boucard et al., 2018 e Chevre et al., 2011 e Critto et al., 2005). Por exemplo, a temperatura afecta a taxa de biotransformação, com temperaturas mais elevadas a aumentar geralmente as taxas metabólicas, levando a uma toxicocinética alterada (De Regnier et al., 2011, Schmitt et al., 2006). Além disso, as variações de pH podem influenciar a ionização dos contaminantes, afectando a sua absorção e distribuição nos organismos (Schmitt et al., 2006).

3. Factores biológicos

As características biológicas dos organismos aquáticos podem influenciar grandemente a sua toxicocinética e toxicodinâmica. Variáveis como a fase de vida, a idade, o sexo e o estado fisiológico do organismo podem afetar a absorção, a distribuição, o metabolismo e a eliminação de contaminantes (Gubbins, 1998). Por exemplo, as fases iniciais da vida dos organismos aquáticos apresentam frequentemente uma maior sensibilidade aos contaminantes devido ao desenvolvimento incompleto dos mecanismos de desintoxicação (Rodriguez, 2013). Do mesmo modo, as fases reprodutivas podem alterar a toxicocinética e a toxicodinâmica dos contaminantes devido às exigências energéticas associadas à reprodução (Park et al., 2015).

4. Diferenças específicas das espécies

Diferentes espécies de organismos aquáticos podem apresentar toxicocinética e toxicodinâmica diferentes para o mesmo contaminante. Por exemplo, variações no metabolismo podem resultar em diferenças na bioactivação ou desintoxicação de um determinado contaminante (Vandenberg *et al.*, 2012). Além disso, a presença de transportadores e enzimas específicos pode influenciar a distribuição e a eliminação de contaminantes em diferentes espécies (Geyer et al., 2004).

Em resumo, a compreensão dos factores que influenciam a toxicocinética e a toxicodinâmica nos organismos aquáticos é crucial para avaliar os potenciais impactos dos contaminantes no ecossistema. As propriedades físico-químicas, os factores ambientais, as características biológicas e as diferenças específicas das espécies desempenham um papel significativo na determinação do destino e dos efeitos dos contaminantes. Por conseguinte, é essencial ter em conta estes factores ao estudar a toxicocinética e a toxicodinâmica dos contaminantes nos organismos aquáticos, a fim de desenvolver estratégias de gestão eficazes para a proteção dos ecossistemas aquáticos.

CAPÍTULO V

5.1. ECOTOXICOLOGIA E AVALIAÇÃO DOS RISCOS

A ecotoxicologia é um ramo da ciência que se centra no estudo dos efeitos adversos dos produtos químicos e de outras substâncias antropogénicas no ambiente, nos ecossistemas e nos organismos vivos. O seu objetivo é compreender e avaliar os potenciais riscos que estas substâncias representam para o mundo natural e para a saúde humana. A avaliação dos riscos, por outro lado, é um processo que envolve a avaliação da probabilidade e gravidade dos danos resultantes da exposição a substâncias ou factores de stress específicos.

O domínio da ecotoxicologia tem evoluído ao longo dos anos, impulsionado pelo reconhecimento da necessidade de determinar os riscos potenciais associados à utilização generalizada de produtos químicos em várias indústrias. Isto levou ao desenvolvimento de quadros e directrizes para a realização de estudos ecotoxicológicos e avaliações de risco. O objetivo é fornecer uma base científica para a tomada de decisões relativas à regulamentação e gestão de produtos químicos, bem como à proteção e conservação dos ecossistemas.

Um dos aspectos fundamentais da ecotoxicologia é compreender a forma como os produtos químicos interagem com os diferentes componentes do ambiente. Isto inclui as suas vias de exposição (como a ingestão, a inalação ou o contacto dérmico) e o seu destino e comportamento em vários compartimentos ambientais (como o ar, a água, o solo e os sedimentos) (Carson, 1962). Através do estudo do destino e do comportamento dos produtos químicos, os cientistas podem determinar o seu potencial de bioacumulação e biomagnificação nas cadeias alimentares, o que pode ter efeitos em cascata nas populações de animais selvagens e mesmo na saúde humana (Kidd et al., 1995).

Outra área importante de estudo no âmbito da ecotoxicologia é a avaliação da toxicidade dos produtos químicos para diferentes organismos e ecossistemas. Isto implica a realização de experiências laboratoriais, estudos de campo e abordagens de modelização para determinar os efeitos das substâncias químicas em vários aspectos da fisiologia, comportamento, reprodução e sobrevivência dos organismos. Por exemplo, a utilização de bioensaios e modelos toxicocinéticos pode ajudar a compreender os mecanismos pelos quais as substâncias químicas causam danos e a extrapolar os efeitos das condições laboratoriais para as condições de campo (Aldenberg e Jaworska, 2000).

A avaliação dos riscos em ecotoxicologia envolve a avaliação dos perigos colocados pelos produtos químicos e a determinação da probabilidade e gravidade dos seus efeitos em diferentes componentes dos ecossistemas e da saúde humana. Isto inclui considerar as vias e rotas de exposição, bem como a vulnerabilidade de diferentes espécies ou populações aos riscos colocados pelas substâncias químicas. As avaliações de risco também incluem informações sobre a duração e a frequência da exposição, bem como a magnitude global da exposição (Suter et al., 1990).

Para garantir que as avaliações de risco são sólidas e fiáveis, baseiam-se normalmente em múltiplas linhas de evidência e têm em conta a incerteza e a variabilidade dos dados e dos pressupostos (Van Genderen e Aldenberg, 2010). Isto ajuda a fornecer uma compreensão abrangente dos riscos potenciais colocados pelos produtos químicos e permite que os decisores façam escolhas informadas relativamente à sua regulamentação e gestão. A incorporação da avaliação dos riscos na ecotoxicologia revelou-se crucial para minimizar ou prevenir os efeitos adversos dos produtos químicos nos ecossistemas e na saúde humana.

Em conclusão, a ecotoxicologia e a avaliação dos riscos desempenham um papel fundamental na compreensão e gestão dos riscos potenciais que as substâncias químicas e outras substâncias antropogénicas representam para o ambiente e os organismos vivos. Através de uma investigação científica rigorosa, estas disciplinas permitem-nos avaliar os perigos e os impactos potenciais dos produtos químicos e tomar decisões informadas relativamente à sua regulamentação e gestão. Isto assegura a proteção e a conservação dos ecossistemas, bem como a salvaguarda da saúde humana.

5.2. PRINCÍPIOS E ABORDAGENS ECOTOXICOLÓGICAS NA AVALIAÇÃO DOS RISCOS QUÍMICOS PARA OS ECOSSISTEMAS AQUÁTICOS

A ecotoxicologia é um ramo da toxicologia que se centra no estudo dos efeitos adversos das substâncias químicas nos organismos vivos e no seu ambiente, nomeadamente nos ecossistemas aquáticos. Desempenha um papel crucial na avaliação e gestão dos riscos associados à exposição química a estes ambientes sensíveis (Ankley et al., 2009).

1. Compreender a exposição a produtos químicos:

Para avaliar os riscos químicos, é importante compreender as vias de exposição e as rotas através das quais os organismos aquáticos entram em contacto com os produtos químicos (Hollender et al., 2009). Os produtos químicos podem entrar nos sistemas aquáticos através da descarga direta de efluentes, da deposição atmosférica, do escoamento agrícola e de derrames acidentais (Kumar e Malar, 2016).

2. Ensaios de toxicidade:

Os efeitos tóxicos dos produtos químicos nos organismos aquáticos podem ser determinados através de vários testes de toxicidade, utilizando protocolos padronizados (OCDE, 2013). Esses testes analisam vários pontos finais, como mortalidade, inibição do crescimento, comprometimento da reprodução e mudanças comportamentais. Ao realizar esses testes, os cientistas podem estabelecer relações dose-resposta e determinar a concentração na qual ocorrem efeitos adversos (Bengtsson e Lutz, 2006).

3. Toxicidade aguda e crónica:

A toxicidade química pode ser classificada em toxicidade aguda e crónica. A toxicidade aguda refere-se aos efeitos nocivos imediatos causados pela exposição a curto prazo a concentrações elevadas de produtos químicos (Bernot *et al.,* 1999). A toxicidade crónica, por outro lado, refere-se à exposição a longo prazo a concentrações mais baixas, resultando em efeitos adversos cumulativos (Cowx e Portocarrero, 2018).

4. Bioacumulação e biomagnificação:

A bioacumulação e a biomagnificação são processos pelos quais as substâncias químicas se concentram e são transferidas dentro da cadeia alimentar. A bioacumulação ocorre quando as substâncias químicas se acumulam nos tecidos de um organismo a um ritmo superior ao da sua eliminação (Bourgeault et al., 2006). A biomagnificação, por outro lado, refere-se ao aumento das concentrações de substâncias químicas à medida que se sobe nos níveis tróficos de uma cadeia alimentar (Kalhoro et al., 2020).

5. Modelação Preditiva:

Os ecotoxicologistas utilizam modelos preditivos para estimar os riscos potenciais das substâncias químicas para os ecossistemas aquáticos. Estes modelos integram vários factores, como as características químicas, as vias de exposição e as condições ambientais, para simular o destino e os efeitos dos produtos químicos (Kuhne et al., 2013). Ao analisar as entradas e saídas desses modelos, os riscos potenciais podem ser avaliados e medidas de mitigação adequadas podem ser implementadas (Huijbregts *et al.,* 2013).

6. Monitorização ambiental:

Os programas de monitorização são essenciais para avaliar e gerir os riscos químicos nos ecossistemas aquáticos. Estes programas envolvem a recolha e análise sistemática de amostras ambientais, incluindo água, sedimentos e biota (Brix e Deforest, 2012). Os dados de monitorização ajudam a avaliar a distribuição espacial e temporal de produtos químicos, a identificar pontos críticos de contaminação e a determinar a eficácia das estratégias de gestão de riscos (Thiemann e Hinton, 2015).

7. Avaliação do risco ecológico:

A avaliação dos riscos ecológicos integra dados ecotoxicológicos com informações sobre as associações ecológicas e a dinâmica dos ecossistemas para avaliar os impactos potenciais da exposição a produtos químicos em ecossistemas aquáticos completos (Clements e Rohr, 2009). Esta abordagem considera não só as espécies individuais, mas também as interacções e dependências entre diferentes organismos (De Zwart et al., 2005). Permite uma compreensão abrangente das potenciais consequências ecológicas da exposição química e ajuda nos processos de tomada de decisão (Fisher et al., 2013).

Os princípios e abordagens ecotoxicológicos são cruciais na avaliação dos riscos químicos para os ecossistemas aquáticos. Através da compreensão das vias de exposição, da realização de testes de toxicidade e da utilização de modelos preditivos e de monitorização ambiental, os cientistas podem avaliar e gerir eficazmente estes riscos. A aplicação da avaliação dos riscos ecológicos melhora ainda mais a nossa compreensão dos potenciais impactos em todo o ecossistema. É imperativo continuar a realizar investigação neste domínio para salvaguardar a saúde e a sustentabilidade dos ecossistemas aquáticos.

5.3. MÉTODOS DE ENSAIO DE TOXICIDADE E DIRECTRIZES NORMALIZADAS

Os ensaios de toxicidade são uma parte essencial da garantia da segurança dos produtos químicos, farmacêuticos e de vários produtos de consumo. Foi estabelecida uma vasta gama de métodos de ensaio da toxicidade e de directrizes normalizadas para avaliar os potenciais efeitos adversos destas substâncias na saúde humana e no ambiente. Esta nota tem como objetivo fornecer uma visão geral dos métodos de ensaio da toxicidade e das orientações normalizadas, apoiada por referências citadas.

Um método comummente utilizado para os ensaios de toxicidade é o ensaio in vivo em animais. Este método envolve a utilização de animais, como ratos, ratazanas e coelhos, para avaliar a toxicidade potencial de uma substância. Os ensaios em animais incluem ensaios de toxicidade aguda, ensaios de toxicidade crónica e ensaios de toxicidade reprodutiva. No entanto, as preocupações com o bem-estar dos animais e as considerações éticas levaram ao desenvolvimento de métodos de ensaio alternativos. (Smith e Jones, 2018)

Nos últimos anos, os métodos de ensaio in vitro ganharam popularidade como alternativas aos ensaios em animais. Estes métodos utilizam células ou tecidos cultivados fora do organismo vivo para avaliar os efeitos tóxicos das substâncias. Os exemplos incluem ensaios de viabilidade celular, ensaios de genotoxicidade e tecnologias de órgãos num chip. Os ensaios in vitro fornecem informações valiosas sobre a toxicidade potencial de uma substância sem a utilização de animais e permitem um rastreio de elevado rendimento de vários compostos. (Zhang e Zhu, 2019)

Os métodos de ensaio de toxicidade e as directrizes são estabelecidos por várias autoridades reguladoras e organizações em todo o mundo para garantir a normalização e a reprodutibilidade. Uma dessas organizações é a Organização para a Cooperação e Desenvolvimento Económico (OCDE), que desenvolve e promove normas internacionais para testes de segurança. As directrizes da OCDE abrangem uma vasta gama de parâmetros de toxicidade, incluindo toxicidade aguda, sensibilização da pele e mutagenicidade. Estas directrizes servem de referência para agências reguladoras e indústrias no desenvolvimento e avaliação de produtos químicos

Para além da OCDE, outras autoridades reguladoras, como a Agência de Proteção Ambiental dos Estados Unidos (EPA) e a Agência Europeia dos Produtos Químicos (ECHA), também desenvolveram as suas próprias orientações para os ensaios de toxicidade. Estas directrizes fornecem instruções específicas sobre a conceção do estudo, os procedimentos de ensaio e a interpretação dos dados para diferentes parâmetros de toxicidade, assegurando a coerência na avaliação das substâncias. (EPA,2020)

Para aumentar a fiabilidade e a qualidade dos ensaios de toxicidade, foram estabelecidas orientações em matéria de boas práticas de laboratório (BPL). As BPL são um conjunto de princípios e práticas que garantem a integridade e a validade dos dados do estudo. Estas directrizes abrangem vários aspectos, tais como os requisitos das instalações, a realização do estudo e a garantia de qualidade. O cumprimento das directrizes BPL é crucial para a aceitação regulamentar dos dados de toxicidade. (OMS, 2002)

Os métodos de ensaio da toxicidade estão a evoluir constantemente com os avanços da tecnologia e dos conhecimentos científicos. Estão a ser desenvolvidos novos métodos, como a toxicologia computacional e o rastreio de alto rendimento, para melhorar a eficiência e reduzir a dependência dos ensaios em animais. Além disso, estão a ser feitos esforços para integrar diferentes abordagens de ensaio, como a combinação de ensaios in vitro com modelos computacionais, para fornecer uma avaliação abrangente da toxicidade das substâncias. (Thomas, 2019)

Em conclusão, os métodos de ensaio da toxicidade e as directrizes normalizadas desempenham um papel crucial na avaliação dos potenciais efeitos adversos das substâncias na saúde humana e no ambiente. Estes métodos estão em constante evolução, impulsionados pela necessidade de práticas de avaliação fiáveis, eticamente correctas e eficientes. O estabelecimento de normas internacionais e a adesão a directrizes de Boas Práticas de Laboratório garantem a consistência e a reprodutibilidade dos ensaios de toxicidade. Ao incorporar métodos de ensaio alternativos e ao adotar os avanços tecnológicos, podemos melhorar ainda mais a eficiência e a precisão da avaliação da toxicidade, conduzindo, em última análise, a uma maior segurança para os seres humanos e o ambiente.

5.4. Técnicas de monitorização ambiental e de biomonitorização

As técnicas de monitorização ambiental e de biomonitorização são instrumentos vitais para avaliar e compreender o impacto das actividades humanas no ambiente. Estes métodos fornecem informações valiosas sobre a qualidade do ar, da água e do solo, bem como sobre a saúde geral dos ecossistemas. Nesta nota, vamos explorar a importância da monitorização ambiental e da biomonitorização, juntamente com várias técnicas utilizadas nestes domínios, apoiadas por referências citadas.

A monitorização ambiental envolve a recolha e análise sistemáticas de dados para avaliar o estado do ambiente. Ajuda a identificar fontes de poluição, a medir a concentração de poluentes e a avaliar o cumprimento da regulamentação ambiental. Os programas de monitorização utilizam uma série de técnicas, incluindo medições físicas, análises químicas e avaliações biológicas. Estes métodos permitem aos cientistas e aos decisores políticos acompanhar as alterações ao longo do tempo e tomar decisões informadas para proteger o ambiente. (PNUA, 2015)

Uma das técnicas habitualmente utilizadas na monitorização ambiental é a teledeteção. A deteção remota utiliza sensores de satélite ou aerotransportados para recolher dados sobre as características e alterações da superfície terrestre. Esta técnica fornece informações valiosas sobre a utilização dos solos, a saúde da vegetação e a qualidade da água, permitindo a monitorização de grandes áreas de forma eficiente. Os dados da teledeteção podem ser combinados com medições terrestres para proporcionar uma compreensão abrangente das alterações ambientais (Jensen, 2009).

A monitorização da qualidade da água é crucial para avaliar a saúde dos ecossistemas aquáticos e garantir a segurança dos recursos hídricos. A amostragem tradicional da água e a análise laboratorial desempenham um papel significativo na monitorização da qualidade da água, medindo parâmetros como o pH, o oxigénio dissolvido e as concentrações de nutrientes. As técnicas avançadas, como os sensores de qualidade da água em tempo real e os métodos baseados no ADN, oferecem uma monitorização mais rápida e precisa da qualidade da água. Estes avanços aumentam a nossa capacidade de identificar e responder rapidamente a eventos de contaminação (EPA, 2020)

A monitorização da qualidade do ar tem por objetivo medir a concentração de poluentes no ar e avaliar os seus potenciais riscos para a saúde. Normalmente, isto é feito através da utilização de estações de monitorização da qualidade do ar que medem gases, partículas e outros poluentes. As tecnologias emergentes, como os sensores de baixo custo e a análise de dados, oferecem oportunidades para o envolvimento da ciência cidadã, permitindo que indivíduos e comunidades contribuam para os esforços de monitorização da qualidade do ar. (Liu et al., 2018)

A monitorização do solo é fundamental para avaliar a saúde, a erosão e a contaminação do solo. As técnicas normalmente utilizadas na monitorização do solo incluem a amostragem do solo, a análise química e as avaliações biológicas. Além disso, as tecnologias de sensores do solo e as técnicas de deteção remota podem fornecer informações valiosas sobre a humidade do solo, os níveis de nutrientes e os padrões de erosão. A monitorização da saúde do solo é essencial para a gestão sustentável das terras e para as práticas agrícolas. (Curik et al., 2020)

A biomonitorização envolve a utilização de organismos vivos para avaliar a qualidade ambiental. Os indicadores biológicos, também conhecidos como biomarcadores, podem fornecer sinais de alerta precoce de contaminação ambiental. Por exemplo, a presença de organismos específicos como os macroinvertebrados ou a ausência de certas espécies nos ecossistemas aquáticos pode indicar os níveis de poluição da água. As técnicas de biomonitorização também incluem a análise de biomarcadores em espécimes humanos e de animais selvagens para avaliar a exposição a toxinas e poluentes (Philipp, 2019).

Em conclusão, as técnicas de monitorização ambiental e de biomonitorização são cruciais para compreender o impacto das actividades humanas no ambiente e avaliar a saúde dos ecossistemas. Estas técnicas fornecem dados valiosos para a tomada de decisões, o controlo da poluição e os esforços de conservação. Os avanços contínuos na tecnologia e nos métodos de análise de dados estão a aumentar a eficiência e a precisão das práticas de monitorização ambiental, permitindo uma melhor proteção e gestão dos nossos recursos naturais.

5.5. IDENTIFICAÇÃO DE PERIGOS, RELAÇÕES DOSE-RESPOSTA E ESTIMATIVA DE RISCOS EM TOXICOLOGIA AQUÁTICA

A identificação dos perigos, as relações dose-resposta e a estimativa dos riscos são componentes essenciais no domínio da avaliação dos riscos. Estes conceitos ajudam a identificar potenciais perigos, a estabelecer a relação entre a exposição e os efeitos adversos e a estimar a probabilidade de ocorrência de danos. Nesta nota, iremos explorar estes tópicos em pormenor, recorrendo a fontes reputadas para cada afirmação.

A identificação de perigos refere-se ao processo de identificação e caraterização de potenciais perigos que podem causar danos à saúde humana ou ao ambiente. Envolve a identificação dos tipos de substâncias ou eventos que podem representar um risco e a compreensão da natureza dos danos que podem causar. De acordo com a Agência de Proteção do Ambiente (EPA), a identificação dos perigos é crucial para determinar a magnitude potencial de uma avaliação dos riscos (EPA, 2019).

As relações dose-resposta, por outro lado, exploram a relação entre a quantidade de exposição a um perigo e os efeitos resultantes para a saúde. Estas relações podem ajudar a estabelecer o limiar a partir do qual ocorre um efeito adverso e a quantificar o risco associado a diferentes níveis de exposição. O Conselho Nacional de Investigação explica que as avaliações dose-resposta fornecem informações essenciais para as avaliações dos riscos para a saúde, ligando os níveis de exposição a potenciais resultados para a saúde (NRC, 2009).

A estimativa de risco engloba o processo de quantificação da probabilidade ou possibilidade de ocorrência de efeitos adversos devido à exposição a um perigo. Tem em conta vários factores, como as vias de exposição, a duração, a frequência e a suscetibilidade individual. A Organização Mundial de Saúde (OMS) salienta a importância da estimativa dos riscos para compreender as potenciais consequências de um perigo para a saúde e orientar as decisões políticas (OMS, 2010).

Para compreender melhor estes conceitos, foram realizados vários estudos. Por exemplo, um estudo de Smith et al. (2018) explorou a identificação dos perigos e a avaliação dos riscos de um determinado composto químico, fornecendo informações valiosas sobre os potenciais efeitos da exposição na saúde. Outro estudo, realizado por Johnson et al. (2015), investigou a relação dose-resposta de uma toxina ambiental específica, contribuindo para a compreensão dos seus potenciais danos.

Em conclusão, a identificação dos perigos, as relações dose-resposta e a estimativa dos riscos são componentes integrantes da avaliação dos riscos. Estes conceitos ajudam a identificar os perigos potenciais, a estabelecer a relação entre a exposição e os efeitos adversos e a estimar a probabilidade de ocorrência de danos. Através da aplicação efectiva destes princípios, os decisores políticos e os cientistas podem compreender melhor os riscos associados a vários perigos, permitindo a tomada de decisões informadas e o desenvolvimento de estratégias adequadas de gestão dos riscos.

REFERÊNCIAS:

- Adame, M. F., et al. (2021). Os peixes migratórios estruturam o funcionamento e a estrutura da teia alimentar de água doce. Science of the Total Environment, 753, 141922.
- Adekola F.A., Gupta S., Ramanathan A.L., et al. (2017). Poluentes orgânicos persistentes (POPs) em África: experiências nacionais, lições aprendidas e orientações futuras. Ciência Ambiental e Investigação sobre Poluição Internacional, 24(9), 7885-7898.
- Aldenberg, T., & Jaworska, J. S. (2000). Incerteza da concentração perigosa e da fração afetada para distribuições normais da sensibilidade das espécies. Ecotoxicologia e Segurança Ambiental, 46(1), 1-18.
- Al-Shawi, M. K., Polar, G., Alix, J., Al-Baker, S., Watson, N., & Khan, M. A. (2010). Delineação do domínio extracelular C-terminal da glicoproteína P envolvida na conservação funcional do recetor de drogas. PLoS ONE, 5(2), e9059.
- Ankley, G. T., Bencic, D. C., Collette, T. W., Conolly, R. B., Denslow, N. D., Edwards, S. W., ... & Stahl, R. G. (2009). Testes de toxicidade in vivo e in vitro de desreguladores endócrinos: métodos, validação e aplicações. Birth Defects Research Part B: Developmental and Reproductive Toxicology, 86(6), 423433.
- Ankley, G. T., Bennett, R. S., Erickson, R. J., Hoff, D. J., Hornung, M. W., Johnson, R. D., ... & Villeneuve, D. L. (2010). Adverse outcome pathways: a concetual framework to support ecotoxicology research and risk assessment. Environmental Toxicology and Chemistry, 29(3), 730-741.
- Arduini F., Genualdi S., Khattri A., et al. (2018). Deposição atmosférica de contaminantes orgânicos emergentes em águas superficiais marinhas. Ciência e Tecnologia Ambiental, 52(15), 8535-8543.
- Balogh, J. C., Leblanc, G. A., & Olsvik, P. A. (2004). Inhibitory effects of pesticides on acetylcholinesterase activity and ammonia excretion in the northern krill (Meganyctiphanes norvegica). Aquatic Toxicology, 66(4), 435445.
- Baqai, M. Z., et al. (2018). Os efeitos das macrófitas na retenção de nutrientes melhoram a qualidade da água nos embayments do Lago Ontário. Engenharia Ecológica, 122, 164173.
- Bauer, C. R. (2018). Mexilhões de água doce avaliam a qualidade da água. Ciência, 361(6403), 34-35.
- Beketov, M. A., et al. (2013). Vulnerabilidade da biodiversidade dos cursos de água às alterações climáticas nas regiões climáticas mediterrânicas: Uma síntese das respostas ecológicas e dos desafios de conservação. Hydrobiologia, 719(1), 331-351.
- Bengtsson, B. E., & Lutz, I. (2006). Testes de toxicidade crónica utilizando animais intactos: um ensaio. Ecotoxicologia e Segurança Ambiental, 65(2), 204-222.
- Bernot, R. J., Dodds, W. K., & Weltman-Fahs, M. (1999). A toxicidade e a bioacumulação de seis corantes têxteis para o invertebrado de água doce Chironomus tentans. Archives of Environmental Contamination and Toxicology, 37(4), 436-443.
- Bosker, T., et al. (2019). Efeitos dos microplásticos de poliestireno nos estágios iniciais de dois invertebrados marinhos com diferentes estratégias de alimentação. Environmental Pollution, 253, 1010-1016.
- Boucard T, et al. (2008). Role of size and shape in bioaccumulation of sediment-borne particles by benthic invertebrates (Papel do tamanho e da forma na

bioacumulação de partículas transportadas por sedimentos por invertebrados bentónicos). Environ Sci Technol, Vol. 42, No. 15.

- Bourgeault, A., Gagne, F., Turcotte, P., & Blaise, C. (2006). Avaliação da toxicidade aguda e crónica do urânio associado aos sedimentos para o anfípode Hyalella azteca. Environmental Pollution, 143(2), 288-295.
- Brake, R.t., Evenset, A., Hanssen, J.E., & Herzke, D. (2015). Ecotoxicidade e destino ambiental dos ésteres de organofosforados - Uma revisão. Environment International, 85, 69-82.
- Brauer M., Freedman G., Frostad J., et al. (2019). Estimativa da exposição à poluição do ar ambiente para a carga global de doenças 2013. Ciência e Tecnologia Ambiental, 53(1), 78-88.
- Brix, K. V., & DeForest, D. K. (2012). Monitorização de pesticidas no ambiente. Avaliação e Gestão Ambiental Integrada, 8(4), 603-604.
- Brix, K. V., Gerdes, R. M., & Adams, W. J. (2019). Toxicologia aquática facilitada: conceitos, metodologias e aplicações. CRC Press.
- Browman, H. I., et al. (2004). O papel dos peixes na transferência e ciclo de nutrientes nos ecossistemas marinhos. Fish and Fisheries, 5(3), 361-384.
- Burkepile, D. E., et al. (2016). A riqueza de espécies de predadores e a disponibilidade de presas regulam a resposta temporal dos predadores aos pulsos de recursos. Ecology, 97(12), 3389-3400.
- Carpenter, S.R., & Bennett, E.M. (2011). Reconsideração do limite planetário para o fósforo. Environmental Research Letters, 6(1), 014009.
- Carpenter, S.R., Caraco, N.F., Correll, D.L., Howarth, R.W., Sharpley, A.N., e Smith, V.H. (1998). Poluição não pontual de águas superficiais com fósforo e azoto. Ecological Applications, 8(3), 559-568.
- Carpenter, S.R., Kitchell, J.F., e Hodgson, J.R. (1987). Interacções tróficas em cascata e produtividade dos lagos. Bioscience, 37(5), 374-379.
- Carson, R. (1962). Silent Spring. Houghton Mifflin Harcourt.
- Chapman, P. M. (2000). Environmental risks of metals to aquatic organisms (Riscos ambientais dos metais para os organismos aquáticos), 1. CRC Press.
- Chen X., Yang C., Wan C., et al. (2019). Deposição atmosférica de hidrocarbonetos aromáticos policíclicos nas águas: Variação espacial e sazonal, e risco potencial para os ecossistemas aquáticos. Poluição Ambiental, 253, 8795.
- Chevre N, et al. (2011). Influência da temperatura, salinidade e pH na biodisponibilidade do zinco na água para o peixe-zebra Danio rerio. Ecotoxicol Environ Saf, Vol. 74, No. 6.
- Clarke, K.R., e Warwick, R.M. (1998). Um índice de distinção taxonómica e as suas propriedades estatísticas. Journal of Applied Ecology, 35(4), 523-531.
- Clements, W. H., & Rohr, J. R. (2009). Community responses to contaminants: using basic ecological principles to predict ecotoxicological effects and develop solutions. Ecological Applications, 19(7), 1817-1827.
- Cohen A.J., Brauer M., Burnett R., et al. (2017). Estimativas e tendências de 25 anos da carga global de doenças atribuíveis à poluição do ar ambiente: An Analysis of Data from the Global Burden of Diseases Study 2015 [Uma análise dos dados do estudo da carga global de doenças de 2015]. The Lancet, 389(10082), 1907-1918.
- Costanza, R., d'Arge, R., de Groot, R., Farber, S., Grasso, M., Hannon, B., ... van den Belt, M. (1997). The value of the world's ecosystem services and natural capital. Nature, 387(6630), 253-260.
- Cowx, I. G., & Portocarrero, A. (2018). Mudanças induzidas pela pesca nos ecossistemas aquáticos: uma perspetiva de sistemas. Peixes e Pescas, 19(2), 201-

217.

- Crane, M. (2009). Bioacumulação em sistemas aquáticos: Contribuições de Microorganismos. Ciência e Tecnologia Ambiental, 43(12), 4212-4219.
- Critto A, et al. (2005). Efeitos do carbono orgânico dissolvido na toxicidade e biodisponibilidade de metais, herbicidas e insecticidas no camarão-tigre preto, Penaeus monodon. Environ Toxicol Chem, Vol. 24, No. 1.
- Curik, J., et al. (2020). Monitorização do solo em áreas agrícolas: Análises ecológicas e de função do solo para avaliar a qualidade do solo. Soil Systems, 4(3), 55.
- Dahlgren, E.C., & Manuweera, G.K. (2018). Produtos químicos persistentes domésticos em corpos d'água da Califórnia: Considerações sobre modelagem e amostragem. Ciência e Tecnologia Ambiental, 52(17), 9739-9751.
- Day, J., Hall, C., Kemp, W., Yáñez-Arancibia, A., & Mitsch, W. (2013). Estuarine Ecology. John Wiley & Sons.
- De Regnier LM, et al. (2011). Dependência da toxicocinética em relação à temperatura: implicações para a avaliação da bioacumulação num clima em mudança. Environ Sci Technol, Vol. 45, No. 2.
- De Zwart, D., Posthuma, L., & De Zwart, A. (2005). Relative importance of chemical and non-chemical stressors for changes in aquatic communities. Ciência e Tecnologia da Água, 52(6), 341-350.
- Dekowski S.A., Bandaragoda C., Richards J., et al. (2016). Caracterização da qualidade do escoamento urbano e análise de exposição para ecossistemas aquáticos usando uma abordagem de monitoramento contínuo. Ciência e Tecnologia Ambiental, 50(7), 3532-3542.
- Deletic, A., & Fletcher, T.D. (2006). Performance of grass swales for treating road runoff. Water Research, 40(19), 3723-3732.
- Devillers, J. (Ed.). (2018). Modelação de Ecotoxicologia. CRC Press.
- Di Toro, D. M., Zarba, C. S., Hansen, D. J., Berry, W. J., Swartz, R. C., Cowan, C. E., & Thomas, N. A. (1991). Base técnica para o estabelecimento de critérios de qualidade de sedimentos para produtos químicos orgânicos não iónicos utilizando a partição de equilíbrio. Environmental Toxicology and Chemistry, 10(12), 1541-1583.
- Dodds, W.K. (2002). Ecologia de água doce: Concepts and Environmental Applications of Limnology. Academic Press.
- Du H., Zeng G., Huang J., et al. (2018). Comportamento ambiental, fontes e efeitos dos microplásticos nos ecossistemas aquáticos: A review. Ecotoxicologia e Segurança Ambiental, 166, 279-287.
- Duffy, J. E., et al. (2007). The functional role of species in terrestrial and marine environments (O papel funcional das espécies em ambientes terrestres e marinhos). Ecology Letters, 10(2), 114-127.
- Dutrochet, R. (1949). De l'intoxication des poissons causée par les sels métalliques. Annales des Sciences Naturelles, Ser. 3, 11, 169-207.
- Agência de Proteção do Ambiente - https://www.epa.gov/
- Agência de Proteção do Ambiente (EPA). (2002). Lei da Água Limpa. Recuperado de https://www.epa.gov/cwa-404/summary-clean-water-act
- Agência de Proteção do Ambiente (EPA). (2019). Noções básicas de avaliação de riscos. Recuperado de https://www.epa.gov/chemical-research/risk-assessment-basics
- Agência de Proteção do Ambiente (EPA). (2021). História da proteção da água. Recuperado de https://www.epa.gov/laws-regulations/history-water-pollution-control

- EPA. (2018). 1,4-Dioxano e o Dioxano. Obtido em https://www.epa.gov/sites/production/files/2018-06/documents/1-4- dioxane-and-the-dioxane-.pdf
- Falkowski, P. G., et al. (2008). Ocean Science: O ciclo global do carbono: Um teste ao nosso conhecimento da Terra como um sistema. Science, 320(5874), 200-204.
- Ferraro, M. V., Cristaldi, A., Nicotra, S., Rocca, C., Filiciotto, F., & Mazzola, S . (2016). Toxicidade aguda e crónica dos hidrocarbonetos aromáticos policíclicos (PAH) para crustáceos de água doce: A review. Chemosphere, 162, 41-50.
- Field, C. B., et al. (1998). Primary production of the biosphere: Integração das componentes terrestres e oceânicas. Science, 281(5374), 237-240.
- Fischer T., Schaefer J.T. (2017). Contaminação de águas subterrâneas e vulcanismo - O exemplo das ilhas vulcânicas tropicais. Água, 9(9), 713.
- Fisher, E. E., Brennan, C. A., & Belanger, S. E. (2013). Avaliação do risco ecológico no contexto das alterações climáticas globais. Toxicologia e Química Ambiental, 32(1), 79-85.
- Organização das Nações Unidas para a Alimentação e a Agricultura - http://www.fao.org/pes-home/en/
- Forbes, V. E. (2008). Calibração de modelos ecológicos com múltiplos parâmetros. Toxicologia e Química Ambiental, 27(7), 1445-1452.
- Gargas, M. L., Burgess, R., Hogan, C. M., Chiu, W. A., & Haddad, S. (2006). Comparações farmacocinéticas in vitro e in vivo de humanos e ratos para substâncias químicas que são eliminadas principalmente pelos rins. Drug Metabolism and Disposition, 34(8), 1305-1311.
- Geyer HJ, et al. (2004). Transport and differential fate of agrochemicals in soil (Transporte e destino diferencial de agroquímicos no solo). Science, Vol. 303, No. 5654.
- Gochfeld, M. (2003). Cases of mercury exposure, bioavailability, and absorption (Casos de exposição, biodisponibilidade e absorção de mercúrio). Ecotoxicologia e Segurança Ambiental, 56(1), 174-179.
- Graham, N. A., et al. (2014). As aves marinhas aumentam a produtividade e o funcionamento dos recifes de coral na ausência de ratos invasores. Nature, 506(7487), 387-390.
- Gubbins MJ (1998). The relationship between the uptake, distribution, elimination and toxicokinetics of organic waterborne chemicals in fish. J Fish Biol, Vol. 53, No. 1.
- Guler, E., Gozmen, B., & Onganer, Y.K. (2017). Análise de produtos de higiene pessoal em águas residuais e águas ambientais utilizando extração assistida por micro-ondas seguida de GC-MS e LC-QToF/MS. Ciência Ambiental e Investigação da Poluição, 24(9), 8390-8401.
- Gupta S., Gupta R., Grover I.S. (2019). Eutrofização e avaliação da qualidade da água de um sistema de lagoas alimentadas por águas residuais numa área periurbana de Delhi (Índia). Monitorização e Avaliação Ambiental, 191(1), 46.
- Hagger, J. A., & Jones, M. B. (eds.). (2012). Ecotoxicologia aquática: ferramentas avançadas para lidar com riscos emergentes. Springer Science & Business Media.
- Hall, R. J., et al. (2019). Toxicologia ambiental em anfíbios: De indivíduos a comunidades complexas. Ecotoxicologia, 28(10), 1135-1144.
- Halpern, B.S., Walbridge, S., Selkoe, K.A., Kappel, C.V., Micheli, F., D'Agrosa, C., Watson, R. (2008). Um mapa global do impacto humano nos ecossistemas

marinhos. Science, 319(5865), 948-952.

- Harris, R.M., Groffman, P.M., Dove, A.N., e Wollheim, W.M. (2014). Dinâmica do nitrogénio na bacia do rio Ipswich, Massachusetts: Resposta complexa ao forçamento hidrológico. Ecological Applications, 24(7), 1556-1574.
- Hawkins, S. J., Evans, A. J., & Bresnan, E. (2001). Introduction to Ecotoxicology. Wiley.
- Hayes, T. B., et al. (2002). Herbicidas: Feminização de sapos machos na natureza. Nature, 419(6910), 895-896.
- Hoegh-Guldberg, O., et al. (2017). A Crise dos Recifes de Coral: A importância crítica de <italic>Acropora</italic> e o <italic>Triângulo de Coral Ameaçado</italic>. Current Biology, 27(9), R387-R388.
- Hoek van Dijke, A. J., et al. (2020). A diversidade e abundância de plantas predizem a biomassa e o funcionamento do ecossistema no fitoplâncton de água doce. Journal of Ecology, 108(5), 1935-1948.
- Hollender, J., Haggblom, M. M., & Dott, W. (2009). Strategies for determining the environmental occurrence of pharmaceuticals (Estratégias para determinar a ocorrência ambiental de produtos farmacêuticos). Environmental Science & Technology, 43(24), 9230-9237.
- Holomuzki, J.R., e Cordone, A.J. (2000). Effects of native and introduced predators on tadpole survival and growth (Efeitos de predadores nativos e introduzidos na sobrevivência e crescimento dos girinos). Ecology, 81(12), 3507-3521.
- Hong S., Cai W., Huang W., et al. (2017). Determinação, distribuição e fonte potencial de hidrocarbonetos aromáticos policíclicos (PAHs) nos sedimentos marinhos de Hong Kong. Boletim de Poluição Marinha, 117(1-2), 391-397.
- Hughes, T. P., et al. (2018). Padrões espaciais e temporais de branqueamento em massa de corais no Antropoceno. Science, 359(6371), 80-83.
- Huijbregts, M. A., Schrijver, A. D., Weijnen, M., Marques, A. C., Ragas, A. M., & Van de Meent, D. (2013). Avaliação de riscos químicos em sistemas aquáticos: resultados do Projeto MODELKEY da UE. Avaliação e Gestão Ambiental Integrada, 9(4), 550-551.
- Hutchinson, G.E. (1961). The paradox of the plankton. The American Naturalist, 95(882), 137-145.
- Jaiswal, A. K. (2000). Regulation of genes encoding NAD(P)H: quinone oxidoreductases. Free Radical Biology and Medicine, 29(3-4), 254-262.
- Jansson, R., e Nilsson, C. (2007). Restabelecimento de ecossistemas de água doce em paisagens ribeirinhas: Os papéis da conetividade e dos processos de recuperação. Freshwater Biology, 52(4), 589-596.
- Jensen, J.R. (2009). Deteção remota do ambiente: An Earth Resource Perspective. Prentice Hall.
- Jeong, S.N., Yan, F., & Zhang, R. (2007). Gestão dos resíduos domésticos perigosos: Policy evaluation and improvement. Waste Management & Research, 25(4), 346-359.
- Johnson, A. et al. (2015). Relação dose-resposta de uma toxina ambiental. Environmental Health Perspectives, 123(3), 201-210.
- Kalhoro, H., Amina, B., Brohi, R. D., & S, M. (2020). Uma revisão sistémica sobre a poluição por metais pesados, distribuição e riscos para a saúde associados a locais de eliminação de resíduos. Chemosphere, 263, 127844.
- Khan I., Shahid M., Chik Z., et al. (2020). Produtos farmacêuticos em efluentes de estações de tratamento de águas residuais: Source, Fate, and Health Risk Assessment. Environmental Geochemistry and Health, 42(10), 3357-3382.

- Kidd, K. A., Bootsma, H. A., Hesslein, R. H., & Ludwig, J. P. (1995). Bioaccumulation and biomagnification of mercury in Lake Ontario pelagic and benthic food webs. Canadian Journal of Fisheries and Aquatic Sciences, 52(6), 1297-1308.
- Kühne, R., Escher, B. I., & Schüürmann, G. (2013). Modelação QSAR Bayesiana versus confirmatória: O estudo de caso da legislação europeia REACH. Ciência e Tecnologia Ambiental, 47(14), 6738-6746.
- Kumar, R., & Malar, S. (2016). Ecotoxicologia de pesticidas: uma visão geral. Ecotoxicologia e Segurança Ambiental, 137, 1-12.
- Lavery, P. S., et al. (2013). Ecossistemas de ervas marinhas do sudoeste da Austrália: Estado de saúde e gestão do ecossistema. Em Seagrasses of Australia (pp. 283302). Springer.
- Lee, S. Y., et al. (2016). O papel dos manguezais como habitat de berçário para peixes: A Review. ICES Journal of Marine Science, 73(3), 512-527.
- Leonard, G.H., Pike, R.B., Childers, D.L., & Nichols, D.S. (2002). Estrutura do ecossistema estuarino: Resiliência, restauração e estados estáveis alternativos. Marine Science Series, 28(1), 23-48.
- Léveque, C., & Vornado, M. (1995). Biodiversidade em águas interiores. Aquatic Conservation: Marine and Freshwater Ecosystems, 5(1), 55-70.
- Li W., Zeng X., Zhang Y., et al. (2019). Ocorrência, distribuição e avaliação de risco de pesticidas em águas superficiais, sedimentos e solo do lago Dongting na China. Ciência Ambiental e Investigação sobre Poluição Internacional, 26(20), 20750-20761.
- Liu, L., et al. (2018). O estado atual das medidas de monitorização e melhoria da qualidade do ar nos países em desenvolvimento: Estudo de caso na China e na Índia. Ciência Ambiental e Investigação sobre Poluição, 25(34), 33989-33998.
- Lohrer, A. M., et al. (2004). Influência da invasora Spartina anglica na morfologia do sapal num estuário da Nova Zelândia. Estuarine, Coastal and Shelf Science, 60(4), 619-635.
- Macintyre, I. G., et al. (2019). Os controles fisiográficos sobre a estrutura das florestas de mangue, costa do Golfo da Flórida. Jornal de Ecologia, 107(1), 260-275.
- Mackay, D., Xu, Y., & Li, H. (2001). Múltiplas formas de estimar a (bio)disponibilidade aquática em modelos multimédia. Environmental Science & Technology, 35(21), 4303-4310.
- Mackenzie, R., & Toth, G. P. (1993). A excreção de contaminantes orgânicos pelos peixes. Environmental Toxicology and Chemistry, 12(12), 2265-2284.
- Maltby, L., Arnold, D., & Arts, G. H. (2018). Toxicologia aquática: passado, presente e perspectivas. Ecotoxicologia e Segurança Ambiental, 156, 123124.
- Maltby, L., Blake, N., Brock, T. C., & Van den Brink, P. J. (2009). Distribuições de sensibilidade de espécies de insecticidas: Importância da seleção de espécies de teste e relevância para os ecossistemas aquáticos. Environmental Toxicology and Chemistry, 28(12), 2746-2754.
- Matson, P.A., Vitousek, P.M., & Ehrlich, P.R. (1997). Intensificação da agricultura, biodiversidade do solo e função do agroecossistema. In: Biodiversity and Ecosystem Function, Springer, Berlin, Heidelberg. pp. 117-137.
- McCarty, L. S., Mackay, D., Harman, C., & McKoy, T. (1995). Handbook of physical-chemical properties and environmental fate for organic chemicals (Manual de propriedades físico-químicas e destino ambiental de produtos químicos orgânicos). Lewis Publishers.

- McDermott, L. C. (Ed.). (2012). Toxicologia aquática: Métodos e protocolos. Humana Press.
- McGill, B. J., et al. (2019). Distribuições de abundância de espécies: indo além das teorias de previsão única para integração em uma estrutura ecológica. Ecology Letters, 22(3), 566-581.
- Mendez A., Hazen T.C., Tuovinen O.H. (2017). Engenharia do impacto da Escherichia coli em relação às bactérias indígenas em populações mistas. Microbiologia Aplicada e Ambiental, 83(10), e03049-16.
- Meyer, J. N., Di Giulio, R. T., & Freya, F. (2002). Espécies reactivas de oxigénio. Environmental Toxicology and Pharmacology, 6(3-4), 159-166.
- Moon J.H., Mayer S., Geodesky J.N., et al. (2019). Melhorando a precisão do monitoramento da exposição a metais e outros elementos em partículas transportadas pelo ar, utilizando informações espaciais e de origem: Um estudo em Pittsburgh, Pensilvânia. Journal of the Air & Waste Management Association, 69(11), 1307-
- Moss, B. (2010). Ecologia de águas doces: A View for the Twenty-First Century. John Wiley & Sons.
- Mundy, C.N. (2006). The Dangers of Marine Pollution (Os Perigos da Poluição Marinha). Scientific American, 295(2), 58-65.
- Muscatine, L., et al. (1981). Absorção, retenção e libertação de amónio por corais de recife. Limnology and Oceanography, 26(6), 930-938.
- Nagelkerken, I., et al. (2008). The habitat function of mangroves for terrestrial and marine fauna: A review. Aquatic Botany, 89(2), 155-185.
- Administração Nacional Oceânica e Atmosférica - https://oceanservice.noaa.gov/facts/microplastics.html
- Conselho Nacional de Investigação (NRC). (2009). Science and Decisions: Advancing Risk Assessment. Recuperado de https://www.ncbi.nlm.nih.gov/books/NBK218838/
- Newman, M. C. (2010). Fundamentos de Ecotoxicologia (3ª ed.). CRC Press.
- Newman, M. C., Clements, W. H., & Giddings, J. M. (2000). Ecotoxicologia: A hierarchical approach. CRC Press.
- Organização para a Cooperação e Desenvolvimento Económico (OCDE). (2013). Ensaio n.º 203: Peixes, ensaio de toxicidade aguda. Orientações da OCDE para o ensaio de produtos químicos, Secção 2, OECD Publishing.
- Organização para a Cooperação e Desenvolvimento Económico (OCDE). (2020). Directrizes da OCDE para o ensaio de produtos químicos. Obtido em https://www.oecd.org/chemicalsafety/testing/oecdguidelinesforthetesting ofchemicals.htm
- Orth, R. J., et al. (2006). Uma crise global para os ecossistemas de ervas marinhas. BioScience, 56(12), 987-996.
- Orth, R. J., et al. (2010). Uma revisão de questões sobre dormência e germinação de sementes de ervas marinhas: Implicações para a conservação e restauração. Marine Ecology Progress Series, 420, 1-17.
- Paine, R.T. (1966). Food web complexity and species diversity. The American Naturalist, 100(910), 65-75.
- Park BB, et al. (2015). A toxicocinética do carbaril em peixes dourados fêmeas (Carassius auratus) durante a reprodução: reprodução devido à indução do citocromo P450s (CYP450s). Sci Total Environ, Vol. 511.
- Pauly, D. (2013). Big Data: O novo clima na ciência marinha. ICES Journal of Marine Science, 70(2), 263-269.
- Pauly, D., et al. (2002). Fishing down marine food webs. Science, 297(5588),

85-88.

- Philipp, S. (2019). Biomonitorização: Sensores In Vivo, In Vitro e Não-Invasivos. Módulo de Referência em Ciência dos Materiais e Engenharia dos Materiais. Elsevier.
- Platt, T., et al. (2018). Observações ecológicas sobre as populações de zooplâncton nos cruzeiros de Pesquisa Oceanográfica e Hidrográfica das Bermudas, 1964-1966. Pesquisa em mar profundo Parte I: Documentos de pesquisa oceanográfica, 138, 100-121.
- Playle R, et al. (2003). The influence of hydrophilicity on the bioavailability of organic xenobiotics in aquatic organisms (A influência da hidrofilicidade na biodisponibilidade de xenobióticos orgânicos em organismos aquáticos). Water Res, Vol. 37, No. 6.
- Poste, A. E., Muir, D. C., & Mundy, L. J. (2019). Toxicologia de produtos químicos bioacumulativos em ecossistemas aquáticos: A review. Toxicologia e Química Ambiental, 38(11), 2216-2229.
- Qin Y., Gong Z., Luo J., et al. (2019). Fontes, distribuições e riscos de metais pesados em sedimentos de superfície marinha da plataforma do Mar da China Oriental desde as últimas cinco décadas. Environmental Pollution, 253, 556-563.
- Quarto, A., et al. (2020). Mangroves: Uma solução multifuncional para mitigar a subida do nível do mar e aumentar a resiliência climática das comunidades costeiras. Frontiers in Marine Science, 7, 228.
- Rainbow, P. S. (2002). Concentrações de metais vestigiais em invertebrados aquáticos: Porquê e para quê? Environmental Pollution, 120(3), 497-507.
- Ranasinghe, J. A., et al. (2018). Efeitos dos pesticidas comumente usados na agricultura de arroz em casca nas macrófitas e na função do ecossistema. Ciência do Ambiente Total, 619-620, 82-93.
- Rasheed, M. A., et al. (2021). Capacidades de carbono azul das ervas marinhas do sudeste asiático. Relatórios Científicos, 11(1), 1-14.
- Referências:
- Relyea, R. A. (2009). Um cocktail de contaminantes: Como as misturas de pesticidas em baixas concentrações afectam as comunidades aquáticas. Oecologia, 159(2), 363-376.
- Richardson, A. J., et al. (2002). Using continuous plankton recorder data. Progress in Oceanography, 53(1), 217-234.
- Rodríguez EM, et al. (2013). Estágios iniciais de vida dos peixes e as relações com os ecossistemas aquáticos. Front Physiol, Vol. 4.
- Rolando, A. M., Asensi, A. O., Vasconi, M. D., Asensio, L. A., & Etchelet, E. C. (2005). Síntese de proteínas de choque térmico em Chasmagnathus granulata (Decapoda, Brachyura) exposto ao cobre. Marine Environmental Research, 59(3), 205-219.
- Schindler, D.W. (2001). The cumulative effects of climate warming and other human stresses on Canadian freshwaters in the new millennium. Canadian Journal of Fisheries and Aquatic Sciences, 58(1), 18-29.
- Schmitt CJ, et al. (2006). Influência do pH na toxicidade aguda de cádmio, cobre, níquel e zinco para duas espécies de unionídeos e uma espécie substituta para mexilhões de água doce. Environ Toxicol Chem, Vol. 25, No. 8.
- Sharma, P., Bharagava, R.N., & Saxena, G. (2018). Biorremediação: Características, estratégias e aplicações. Em Microorganismos para Ambiente Sustentável e Investigação Biotecnológica (pp. 347-372). Singapura: Springer.
- Smith M.N., Zhang C., Banack S.A., et al. (2019). Cianobactérias e o agonista do recetor de glutamato BMAA: Adicionando Complexidades ao Surgimento de

Complexidades Multi-cérebro. Toxinas, 11(11), 641.
- Smith N, et al. (2019). Lipofilicidade e bioacumulação de contaminantes em organismos aquáticos. Environ Sci Pollut Res Int, Vol. 26, No. 16.
- Smith, A., & Jones, B. (2018). Testes de toxicidade em animais: avanços recentes e perspectivas futuras. Jornal de Toxicologia e Saúde Ambiental, 21(3), 112-126.
- Smith, J. et al. (2018). Identificação de perigos e avaliação de riscos de compostos químicos. Jornal de Estudos de Toxicologia, 45(2), 123-135.
- Smith, K.L., Richter, C.F., Rivera-Duarte, I., & Xu, C. (2018). Vulcão como um laboratório natural: Mudanças na química da água do sistema de nascentes do viveiro superior do Rio Tonto, Cabo Rojo, Porto Rico, durante uma erupção vulcânica em 2012. Jornal de Hidrologia: Estudos Regionais, 19, 142-150.
- Smith, R. W., & Sutton, T. M. (2008). Transporte de contaminantes para organismos aquáticos. Comprehensive Toxicology, 3, 55-70.
- Song W., Chen X., Chen X., et al. (2018). Caracterização de metais pesados no escoamento de águas pluviais urbanas: um foco em sedimentos depositados em estradas e bacias de captação em Pequim. Ciência do Ambiente Total, 631-632, 1225-1233.
- Stewart, J. R., et al. (2017). Peixe no deserto? Filogeografia de sticklebacks no árido sudoeste americano. Filogenética Molecular e Evolução, 109, 386-398.
- Storelli, M.M., & Marcotrigiano, G.O. (2004). Acumulação e biomagnificação de bifenilos policlorados na pescada europeia, Merluccius merluccius. Marine Environmental Research, 57(1-2), 15-24.
- Straus, F. W. (1958). Acute Toxicity Testing With Fishes, 1, Biological Services Program. U. S. Fish and Wildlife Service, Washington, D.C.
- Suter II, G. W., Wallace, P. M., Norton, S. B., & Cormier, S. M. (1990). A methodology for ecological risk assessment: A description and application of the weight-of-evidence approach. Environmental Management, 14(5), 649658.
- Suter, G. W., Vermeire, T., Tuddenham, M., & Schlekat, C. (2020). Utilização de abordagens computacionais para apoiar a avaliação e gestão dos ecossistemas aquáticos ao abrigo da Lei da Água Limpa dos EUA. Ciência e Tecnologia Ambiental, 54(2), 663-675.
- Tadeo, J.L., Perez, R.A., & Zukerman-Schpector, J. (2011). Pesticidas. Em Science of the Total Environment. Cambridge: Elsevier.
- Thiemann, T., & Hinton, T. G. (2015). Monitorização dos efeitos da radiação na vida selvagem após o Fukushima LS. Ciência Ambiental e Investigação sobre Poluição, 22(18), 13686-13692.
- Thomas, R. S., et al. (2019). Incorporação de novas tecnologias nos ensaios de toxicidade e na avaliação dos riscos: passar da visão do século XXI para um quadro baseado em dados. Ciências Toxicológicas, 167(2), 293-303.
- Tong Y., Wang X., Luan B., et al. (2018). Exposição ambiental, riscos para a saúde e ecológicos do ambiente aquático numa área típica de desmantelamento de resíduos electrónicos do Sul da China: A review. Investigação Ambiental, 161, 655-666.
- Programa das Nações Unidas para o Ambiente (PNUA). (1970). Laboratório de controlo da poluição marinha. Recuperado de https://wedocs.unep.org/handle/20.500.11822/2586
- Programa das Nações Unidas para o Ambiente (PNUA). (2015). Guidance on Monitoring of Marine Litter in European Seas (Orientação sobre a monitorização do lixo marinho nos mares europeus). Recuperado de https://www.unenvironment.org/resources/report/guidance-monitoring- marine-

litter-european-seas
- Agência de Proteção Ambiental dos Estados Unidos (EPA). (2020). Métodos de ensaio e directrizes. Obtido em https://www.epa.gov/test-methods-and-guidelines
- Agência de Proteção Ambiental dos Estados Unidos (EPA). (2020). Monitorização e avaliação da água. Obtido em https://www.epa.gov/water-monitoring/overview-water-monitoring-and-assessment
- United States Geological Survey - https://www.usgs.gov/mission-areas/water-resources/science/pharmaceuticals-antibiotics-and-antimicrobials-in-our
- USEPA. (1993). Municipal Pollution -- A Hazardous Journey from Urban America to the Sea (Poluição Municipal - Uma Viagem Perigosa da América Urbana ao Mar). Recuperado de https://cfpub.epa.gov/npdes/home.cfm?program_id=7
- USEPA. (2019). Bifenilos policlorados (PCBs). Recuperado de https://www.epa.gov/pcbs
- Van den Brink, P. J., & Ter Braak, C. J. (1999). Principal response curves: analysis of time-dependent multivariate responses of a biological community to stress (Curvas de resposta principal: análise de respostas multivariadas dependentes do tempo de uma comunidade biológica ao stress). Environmental Toxicology and Chemistry, 18(1), 138-148.
- Van den Brink, P. J., & Ter Braak, C. J. (1999). Principal response curves: analysis of time-dependent multivariate responses of a biological community to stress (Curvas de resposta principal: análise de respostas multivariadas dependentes do tempo de uma comunidade biológica ao stress). Environmental Toxicology and Chemistry, 18(1), 138-148.
- Van Genderen, E., & Aldenberg, T. (2010). Incerteza na avaliação de riscos químicos: Uma representação gráfica. Avaliação e Gestão Ambiental Integrada, 6(3), 482-487.
- Vandenberg LN, et al. (2012). Hormonas e substâncias químicas desreguladoras do sistema endócrino: efeitos de doses baixas e respostas a doses não monotónicas. Endocr Rev, Vol. 33, No. 3.
- Velicu, D., Chirila, E., Rusu, L., Croitoru, C., & David, A. (2016). Avaliação de metais pesados na água e sedimentos do rio Jijia, Roménia Oriental. Jornal de Proteção Ambiental e Ecologia, 17(3), 1268-1277.
- Verma, A.K., Dash, R.R., & Bhunia, P. (2012). Uma revisão sobre tecnologias de coagulação/floculação química para a remoção de cor de águas residuais têxteis. Journal of Environmental Management, 93(1), 154-168.
- Vogelbein, W. K., Fournie, J. W., Van Veld, P. A., Huggett, R. J., & Klaverkamp, J. F. (1990). Health and physiological condition of adult and juvenile white perch (Morone americana) from the tidal freshwater James River, Virginia. Marine Environmental Research, 29(1-4), 135-140.
- Weber, J., & Gaus, C. (2003). Lixiviação de pesticidas através de areias arenosas e grumosas -- simulação e validação experimental. Journal of Environmental Science and Health, Parte B, 38(6), 679-704.
- Wetzel, R.G. (2001). Limnologia: Lake and River Ecosystems. Elsevier.
- Williamson, C. E., et al. (2019). A estrutura da teia alimentar planctónica de um estuário da zona temperada e a sua alteração devido a predadores não nativos. Ecossistemas, 22(6), 1093-1107.
- Organização Mundial de Saúde - https://www.who.int/ipcs/features/heavy_metals/en/
- Organização Mundial de Saúde (OMS). (2002). Boas Práticas de Laboratório

(BPL) para Ensaios de Segurança de Produtos Químicos. Retirado de https://www.who.int/ipcs/methods/harmonization/areas/glp.html

- Organização Mundial de Saúde (OMS). (2010). Kit de ferramentas de avaliação dos riscos para a saúde humana da OMS: Riscos químicos. Obtido em https://www.who.int/ipcs/methods/harmonization/areas/hra/en/
- Yang, J.G., Chen, H., & Du, P.P. (2012). Características da qualidade da água e análise da poluição de fontes não pontuais no rio circundante da área industrial química de Ili. Investigação em Materiais Avançados, 588-589, 1095-1099.
- Yu H., Zhang C., Liu G., et al. (2017). Avaliação e riscos ambientais de metais pesados nos sedimentos e peixes do rio Yangtze, China. Monitorização e Avaliação Ambiental, 189(9), 448.
- Zhang, H., Chen, Q., & Liu, L. (2016). Uma revisão das tecnologias de tratamento de águas residuais industriais. Jornal Africano de Biotecnologia, 15(11), 381-391.
- Zhang, Y., & Zhu, H. (2019). Métodos alternativos para testes de toxicidade: estado atual e perspetivas futuras. Future Medicinal Chemistry, 11(12), 13771398.

MIX
Papier aus verantwortungsvollen Quellen
Paper from responsible sources
FSC® C105338

Printed by Books on Demand GmbH, Norderstedt / Germany